KB113984

CRISPR BABY

크리스퍼 베이비

초판 1쇄 발행	2019년 7월 25일
초판 2쇄 발행	2023년 11월 30일

지은이	전방욱

펴낸곳	이상북스
펴낸이	김영미
출판등록	제313-2009-7호(2009년 1월 13일)
주소	경기도 고양시 덕양구 향기로 30, 106-1004
전화번호	02-6082-2562
팩스	02-3144-2562
이메일	klaff@hanmail.net

ISBN 978-89-93690-65-1 (03470)

크리스퍼 베이비
유전자 변형 인간의 탄생

전방욱 지음

이상북스

일러두기: 관련 용어의 해설은 본문에 약물로 표시하고 해당 페이지 아래에 실었다. 출처 및 참고문헌은 숫자로 표시하고 각 장 끝에 실었다.

구세주인가, 프랑켄슈타인인가

2018년은 메리 셸리(Mary Shelley)가 소설 《프랑켄슈타인》을 발표한 지 200주년이 되는 해이다. 마침 시험관아기가 출생한 지 40주년이 되는 해이기도 해서 인간의 생식에 개입한 여러 사례를 중심으로 관련된 책을 써야겠다는 생각에 자료를 모아 보았으나 작업은 좀처럼 진척되지 않았다.

그러던 중 연말로 접어든 11월 26일 믿지 못할 뉴스가 터져 나왔다. 중국의 연구자 허 젠쿠이(Jiankui He) 박사가 크리스퍼 유전자가위*를 사용해 세계 최초로 유전자가 편집된 인간(크리스퍼 베이비)을 탄생시켰다는 것이다. 크리스퍼 유전자가위가 발명된 지 채 7년이 지나지

　＊　유전자가위(gene scissors): 특정 부위에서 핵산을 절단할 수 있는 능력을 갖는 광범위한 효소.

않았는데 개발자인 캘리포니아 대학교 버클리 분교의 제니퍼 다우드나(Jennifer Doudna) 교수가 걱정한 것처럼 인간의 배아* 유전자를 변형시켜 출산에 이른 실험에 직접 사용된 것이다.

그날부터 유전자 편집† 아기에 대한 기사와 학술 논문을 모으고 이미 정리한 내용들을 바탕으로 집필 방향을 다시 잡을 수 있었다.

이 책은 엄밀하게 말해 학술 서적이라고는 볼 수 없다. 왜냐하면 세계 최초의 유전자 편집 아기의 출생에 관한 주장이 동료 심사 논문을 통해 출판되지도 않았고, 상세한 조사도 이루어지지 않았기 때문에 이를 비판하는 학술적 내용을 제대로 구성할 수 없기 때문이다. 그러나 세계 최초의 유전자 편집 아기가 갖는 의미를 생각할 때 기본 자료라도 모으고 여러 자료를 사용해 쌍둥이(최초의 크리스퍼 베이비)의 유전자가 절단된 과정과 그로 인한 잠재적 결과를 이해하거나 평가하지 않으면 후회가 크고 오래갈 것 같았다.

크리스퍼 유전자가위는 과학자들이 살아 있는 세포의 유전체‡에서 유전자를 '편집'할 수 있는 도구다. 크리스퍼(CRISPR)는 어마어마하게 긴 영어 단어 'clustered regularly interspaced short palindromic repeats'(규칙적인 간격을 갖는 짧은 회문구조§ 반복단위 배열)의 약자로, 원래

---

* 배아(embryo): 수정 후부터 8주까지 태아로 발생하기 이전의 세포.

† 유전자 편집(gene editing): 유전자 재배열, 유전자 넉아웃, 유전자 교정 등 유전자가위에 의한 유전자 변형을 총칭함.

‡ 유전체(genome): 특정한 생물이 갖는 모든 염기서열 정보.

§ 회문구조(palindrome): 앞으로 읽으나 뒤로 읽으나 같은 순서가 되는 구조. 핵산 내에서 이중가닥을 형성함.

박테리아에서 적응면역* 체계의 일부로 발견되었으나, 나중에는 유전자의 염기서열에 특정한 변화를 도입할 수 있는 도구로 응용되었다(크리스퍼 유전자가위에 대한 더 자세한 내용은 필자의 《DNA 혁명 크리스퍼 유전자가위》를 참조하기 바란다).

모든 살아 있는 생물체는 유전자를 가지고 있고, 사람은 2만 개 정도의 유전자를 가졌다. 이 유전자는 RNA로 전사† 되었다가 단백질로 번역되어 기능을 나타낸다. 유전자에 결함이 있으면, 즉 돌연변이가 생기면 결과적으로 만들어지는 단백질에도 결함이 생긴다.

배아나 난자 및 정자와 같은 생식세포‡의 유전자에 돌연변이§가 발생하면 자손에게 대물림되는 유전질환이 나타날 수 있다. 단일 유전자에 돌연변이가 나타나 발생하는 유전질환은 3000–4000가지에 이른다. 만일 크리스퍼 유전자가위를 사용해 생식세포의 돌연변이 유전자를 바로잡을 수 있다면 치명적인 유전질환을 치료할 수 있다. 이처럼 생식세포의 유전자를 변형시켜 만든 아기를 '크리스퍼 베이비'라고 한다.

이제까지 크리스퍼 유전자가위를 사용해 배아 자체의 유전자를 변형시키려는 노력은 해 왔으나, 감히 여성의 자궁에 착상¶시켜 출산

* 적응면역(adaptive immunity): 병원체 감염 시 생물체가 반응하며 나타내는 면역.

† 전사(transiption): DNA의 유전 정보를 RNA의 유전 정보로 복사하는 과정. 유전자로부터 RNA가 만들어지는 과정.

‡ 생식세포(germline cell): 난자, 정자, 초기 배아로 자손에게 유전물질을 전달할 수 있는 가능성이 있는 세포.

§ 돌연변이(mutation): 유전체의 일부 염기가 내외부 원인에 의해 변화하는 현상.

¶ 착상(implantation): 시험관 수정 시 수정란을 여성의 자궁벽에 이식하는 것

을 시도한 사례는 없었다. 크리스퍼 유전자가위 기술 자체가 완벽하지 않기 때문이다.

허 젠쿠이의 동영상 발표 내용이 공개되고 유전자 편집 아기에 대해 자세한 후속 보도가 나오면서 예상했던 대로 과학적으로 미숙하고 윤리적으로 문제가 많다는 사실이 드러났다. 〈MIT 테크놀로지 리뷰〉(*MIT Technology Review*)는 허 젠쿠이의 연구를 2018년도 최악의 기술 실패 사례 중 하나로 꼽기도 했다.

우리 모두 유전자 변형 인간이 언젠가 태어날 것이라고 예상은 했지만, 이처럼 빨리 이런 방식으로 등장하리라고 생각한 사람은 아무도 없었다. 2018년 11월 〈MIT 테크놀로지 리뷰〉는 중국 선전에 있는 남방과기대학의 과학자 허 젠쿠이가 비밀리에 편집된 유전자를 가진 인간을 만들려고 한다고 보고했다.

뒤이어 공개된 동영상과 '제2차 인간 유전체 편집 국제 정상회담' 발표에 따르면, 허 젠쿠이는 CCR5라는 유전자를 무력화시키기 위해 크리스퍼 유전자가위라는 분자 도구를 사용해 인간 배아를 편집했다. 그 결과 인간면역결핍바이러스(HIV)*에 감염되지 않는 루루(Lulu)와 나나(Nana)라는 이름의 쌍둥이 자매가 태어났다고 했다. 그러나 편집은 특별히 잘 되지 않았고 필요하지도 않았다. HIV 감염을 예방하는 더 저렴하고 손쉬운 방법들이 있었기 때문이다. 또한 실험을 설계하고, 참여자를 모집하고 동의를 확인하는 과정, 데이터를 해석하고 오류를 시정하려는 노력 등에서 허 젠쿠이는 최선을 다하지 않았다.

＊ 인간면역결핍바이러스(human immuno-deficiency virus, HIV): 에이즈를 발병시키는 원인 바이러스

이는 아마도 그가 인간을 대상으로 한 임상시험* 경험이 전혀 없는 물리학자 출신이기 때문인 것 같다.

허 젠쿠이는 유전자를 바꿈으로써 아기들의 지능을 높이는 한편 다른 바이러스 감염으로 인한 사망 위험을 높였으며, 표적이탈효과†와 모자이크현상‡으로 인해 예상치 못한 결과를 초래한 것으로 알려졌다. 태어난 쌍둥이는 이제까지 인류의 유전자 풀(pool)에 나타난 적이 없는 돌연변이를 지닌 인체실험의 희생자가 되었다.

허 젠쿠이 자신은 "내가 만약 사람의 몸에서 병을 없앨 수 있다면, 갑작스러운 죽음을 제외하고 인간을 어떤 것에도 견딜 수 있도록 만들 수 있다면"이라는 꿈을 품었다. 하지만 자신의 피조물에 대해 책임을 질 수 없었던 프랑켄슈타인 박사처럼 추락하고 말았다. 노벨상을 희망하던 그는 과학계의 엄청난 비난을 받고, 현재 구금 상태에서 중국 당국의 조사를 받고 있다. 그는 자신의 행위에 대해 충분히 성찰하지 않았다.

크리스퍼 유전자가위 기술에 정통한 과학자들에게도 이 사례는 반면교사가 된다. 자신의 과학 행위에 대해 충분히 성찰하지 않고 실행에 옮기면 결과는 비극으로 끝날 수 있다. 기술적으로 가능하다고 해서 모두 윤리적으로 바람직한 것은 아니기 때문이다.

---

* 임상시험(clinical test): 의약품이나 치료법이 사람에게 얼마나 안전하고 효능이 있는지를 조사하는 시험.

† 표적이탈효과(off-target effect): 유전자가위에 의해 발생하는 비의도적인 이중가닥 절단.

‡ 모자이크현상(mosaicism): 변형된 세포와 변형되지 않은 세포가 한 생물체에 섞여 나타나는 현상.

아마존에서 판매하는 가정용 크리스퍼 유전자가위 키트와 가정용 임신 키트를 사용해 누군가 어떤 제도적 감독 없이 자손을 유전적으로 변형하려고 시도할 수 있는 수준까지 과학기술은 발전했다. 이처럼 신기술 분야에는 언제나 프랑켄슈타인 박사와 같은 무모한 시도를 하고 인류 사회를 위험에 빠뜨릴 수 있는 사람이 출현할 위험성이 있는 것이다. 따라서 과학기술자뿐만 아니라 우리 모두가 과학기술이 윤리적으로 사용될 수 있도록 감독하고 통제해야 할 책임을 갖는다.

이 책은 허 젠쿠이의 발표를 중심으로 구성했다. 특히 2장부터 18장은 허 젠쿠이가 '제2차 인간 유전체 편집 국제 정상회담'에서 발표하고 토론한 내용을 서두에 수록했다. 토론의 내용이 질서정연하지는 않지만 원래의 순서를 그대로 두고 이에 따른 윤리적·법적·사회적 문제를 정리하려고 노력했다. 허 젠쿠이의 발표와 토론을 중심으로 읽고자 하는 독자라면 각 장 서두의 청색 본문을 따라가며 읽으면 된다. 19장은 허 젠쿠이 사건의 후속 조치와 생식세포 편집 임상 적용의 모라토리엄 논쟁을 다뤘다. 그리고 이 책의 결론 부분에 해당하는 20장에서는 생식세포 편집의 임상 적용을 둘러싼 논의가 바람직하게 이루어지기 위한 대중 참여와 이슈 프레이밍 전략을 다루었다. 크리스퍼 유전자가위에 의한 유전자 편집 아기가 만들어진 전후 사정을 가능한 한 꼼꼼히 기록하려고 했으니 이 책을 읽는 모든 이들이 인간의 생식세포 편집에 대해 다시 한 번 생각할 수 있는 계기가 되었으면 한다.

오랫동안 원고를 기다려 준 이상북스의 송성호 대표에게 감사드린다. 이 책을 쓰는 데 많은 자극과 관심을 준 주위의 모든 분들에게도 고마움을 전한다. 끝으로 이 책을 쓰는 내내 불편을 참으며 격려해 주고 커다란 힘이 되어 준 온 가족에게 이 책을 바치고 싶다.

2019년 7월, 주문진 우거에서
전방욱

들어가는 글 - 구세주인가, 프랑켄슈타인인가   005

1   크리스퍼 베이비의 탄생   015

2   공식 발표   035

3   엉성한 과학   049

4   위험한 실험   065

5   의심스러운 절차   079

6   투명성과 비밀주의   089

7   왜 HIV인가?   103

8   또 다른 유전자 편집 아기   117

9   윤리 심의와 승인   121

10   설득과 대안   131

11   자료의 공개와 논문 출판   137

12   동의 과정   149

13   연구 자금의 출처   161

14   아기들의 장래 운명   173

15   표적 이탈   177

16   규제를 벗어난 연구   185

17	실험의 장기적 결과	205
18	허 젠쿠이의 진의	211
19	후속 조치와 모라토리엄 논쟁	225
20	공정한 논의를 위해	247

| 나가는 글 - 변곡점에 선 인류 | 259 |
| 찾아보기 | 263 |

1

크리스퍼 베이비의 탄생

세계 최초로 유전자 편집 아기를 만든 허 젠쿠이는 자신의 발표가 불러올 파장을 잘 알고 있었다. 그는 미국의 홍보 전문가 라이언 페렐(Lyan Ferrell)을 고용하면서까지 대중에게 자신의 실험 결과를 공표할 가장 효과적인 장소와 시기를 정밀하게 조율했다. 마침 홍콩에서 열리는 '제2차 인간 유전체 편집 국제 정상회담'에 초청을 받아 유전자 편집 아기를 만드는 전망에 대해 논의하는 회의석상이 가장 적절할 것 같았다. 70여 명의 내로라하는 크리스퍼 유전자가위 전문가들 중 한 사람으로 초대받은 자리에서 그는 세계 최초로 유전자 편집 아기를 만들었다는 빅뉴스를 자랑스럽게 터뜨리려고 했다. 그 이틀 전에 학술지 온라인상에 게재할 "치료적 보조 생식기술을 위한 윤리 원칙 초안"이라는 배아 편집의 윤리와 생쥐·원숭이·인간 배아 유전자 편집에 관한 논문을 발표 순서가 끝날 즈음 잠깐 맛보기로 보여 줄 작정이었다. 이미 유전자 편집 아기에 대한 원고를 학술지에 투고한 상태라 그것이 출판될 때까지 세세한 내용을 알려 줄 수는 없었지만 말이다.

허 젠쿠이가 크리스퍼 유전자가위를 이용해 유전자 편집 아기를 만들어야겠다고 결심한 것은 언젠가 에이즈 마을을 방문한 직후였다. 그는 마을 사람의 30%가 HIV에 감염되었고, 감염자들이 해고는 물론 진료 거부 등의 차별과 심지어 강제 불임까지 당해야 하는 실상을 생생하게 목격했다. 그들로서는 아기를 갖는다는 것은 현실적으로 꿈도 꾸지 못할 일이었다. 에이즈 환자의 자식이라는 낙인을 달고 자신들처럼 비참한 삶을 이어갈 것이 뻔했기 때문이다. 허 젠쿠이는 생식세포를 유전자 편집하면 치명적 유전질환이나 HIV와 같은 생명을 위협하는 바이러스 감염으로부터 아이를 구할 수 있다고 생각했다. 그는 자신의 연구가 논란의 여지가 있을 것으로 생각했지만 HIV 감염 가족의 고통을 덜어 주기 위해 비난을 감당하기로 결심했다. 결국 역사는 그가 옳다는 것을 증명해 줄 것이라고 믿었다.

허 젠쿠이는 이 연구를 실행하기 위해 주도면밀하게 준비했다. 2017년 7월, 그는 콜드스프링하버연구소에서 열린 심포지엄에서 유수한 크리스퍼 유전자가위 전문가들과 교분을 나눌 수 있었고, 그들에게서 여러 과학적·윤리적 자문도 받았다. 또한 페렐을 통해 세계적인 영향력을 가진 AP통신 기자와 접촉했다. 몇 달 전부터 사전 인터뷰를 해 왔고, '제2차 인간 유전체 편집 국제 정상회담'이 시작될 때까지 공개 시간을 조정했으며, 영어 자막까지 붙여 이 업적을 기념

하는 일련의 유튜브 동영상을 만들어 두었다.[1] 이제 며칠 후 세계 무대에 화려하게 데뷔만 하면 된다고 생각했다. 사실 이 모든 것들은 일반인들에게 좀 더 호소력이 있는 방법이었다. 이 연구는 동료 과학자들만을 위한 것이 아니라 혜택을 받게 될 모든 사람들을 위한 것이기도 했기 때문이다.

그런데 순조롭게 진행되던 일이 약간 꼬여 가는 것 같았다. 며칠 전부터 〈MIT 테크놀로지 리뷰〉의 안토니오 레갈라도(Antonio Regalado)가 연락을 해 오기 시작했다. 그는 중국 임상시험등록부에 있는 임상시험 기록을 봤다며 허 젠쿠이에게 몇 가지 질문을 제기했다. 실제로 배아를 편집해 여성에게 착상시키려는 생각이 있었는지, 보조 문서에 의하면 이미 6개월 정도 임신이 진행된 것 같은데 정말로 얼마나 진척이 되었는지 알고 싶어 했다. 임상시험 등록을 마친 2018년 11월 8일은 편집된 두 개의 배아를 여성에게 착상시켜 쌍둥이 여자 아기들이 태어난 후였다. 허 젠쿠이는 대답을 꺼릴 수밖에 없었다.

2018년 11월 25일 오후 8시, 안토니오 레갈라도는 중국 과학자 허 젠쿠이가 11월 8일 배아 편집을 통한 출산 시험을 중국 임상시험등록부에 등록했다고 특종 보도했다.[2] 이 보도에 따르면 중국 선전에 소재한 남방과기대학 연구진은 첫 유전자 편집 아기를 만들기 위해 부부를 모집하고 있으며, 그들은 자손에게 HIV에 저항성을 주기 위해 CCR5라는 유전자를 제거할 계획을 세우고 있다고 했다. 임상시험 문서에서는 배아가 여성의 자궁에 이식되기 전에 크리스퍼 유전자가위로 인간 배아를 수정하는 연구를 설명했다.

이 연구를 추진한 과학자 허 젠쿠이는 연구가 출산으로 이어졌는지에 대한 질문에 답변하지 않았다. 그는 유선상으로 언급하는 것을 거부했다. 그러나 시험 목록의 일부로 제출된 데이터를 보면 유전자 검사가 24주 또는 6개월 정도에 이르는 태아까지 이루어졌음을 알 수 있었다. 그 임신이 종료되었는지, 출산에 이르렀는지, 아니면 진행 중인지는 알 수 없었다.

기사가 공개된 후, 허 젠쿠이는 서둘러 올린 유튜브 동영상을 통해 세계 최초로 루루와 나나라는 가명의 두 소녀가 유전자 변형 아기로 태어났다고 밝혔다.[3]

루루와 나나라는 두 명의 아름다운 중국 소녀가 몇 주 전 다른 아기들처럼 건강하게 울면서 세상에 나올 수 있었습니다. 소녀들은 지금 그들의 엄마 그레이스, 아빠 마크와 함께 집에 있습니다. 그레이스는 정상적인 시험관 수정*으로 임신했는데, 한 가지 차이점이 있었습니다. 남편의 정자를 난자에 주입한 직후, 우리는 유전자 수술†을 위해 약간의 단백질과 지시도 함께 들여보냈습니다. 루루와 나나가 단 하나의 세포였을 때, 이 수술을 통해 HIV가 들어가 사람을 감염시키는 출입구를 제거했습니다. 며칠 후 루루와 나나를 그레이스의 자궁으로 돌려보내기 전, 우리는 전장유전체‡ 시퀀

---

* 시험관 수정(in vitro fertilization): 보조생식기술의 한 가지로 체외에서 난자에 정자를 수정시키는 것 주로 IVF로 표기함.
† 유전자 수술(gen surgery): 정확성을 강조하기 위해 유전자 편집 대신 사용하는 말.
‡ 전장유전체(whole genome): 유전체 전체.

싱*을 통해 유전자 수술이 어떻게 진행되었는지 확인했습니다. 그 결과 수술이 의도한 대로 안전한 것으로 나타났습니다. 그레이스의 임신은 정상이었고, 우리는 초음파와 혈액 검사로 이를 면밀하게 모니터링했습니다.

루루와 나나가 태어난 후, 우리는 다시 쌍둥이의 전장유전체를 딥 시퀀싱†했습니다. 이것을 통해 유전자 수술이 안전하게 이루어졌다는 것을 입증했습니다. HIV 감염을 막기 위한 유전자 외에는 어떤 유전자도 변하지 않았습니다. 소녀들은 다른 아기들처럼 안전하고 건강합니다. 마크가 그의 딸들을 처음 보았을 때, 그는 자신이 아버지가 될 수 있을 거라고는 전혀 생각하지 못했다고 말했습니다. 이제 그는 살아야 할 이유, 일할 이유, 목적을 찾았습니다. 아시다시피 마크는 HIV 보유자입니다. 많은 개발도상국에서 바이러스 보유자에 대한 차별은 심각합니다. 고용주는 마크와 같은 사람들을 해고하고, 의사는 의료 서비스를 거부하며, 심지어 여성을 강제로 임신중절시키기도 합니다. 마크와 그레이스는 그 공포의 세계에서 차마 아이를 낳을 수 없었습니다. 마크의 말은 내가 완전히 이해하지 못한 무엇인가를 가르쳐 주었습니다. 유전자 수술은 아동에게 건강한 삶을 살 수 있는 동등한 기회를 주지 않는 낭포성 섬유증과 같은 치명적 유전질환이나 HIV와 같은 생명을 위협하는 감염으로부터 아이를 구할 수 있습니다.

---

* 시퀀싱(sequencing): DNA의 염기서열을 분석하는 것.

† 딥시퀀싱(deep sequencing): 많은 수의 DNA 단편을 병렬로 처리해 염기서열을 고속으로 처리할 수 있는 차세대 시퀀싱.

우리는 온 가족을 치유합니다. 두 딸의 아버지로서 나는 다른 부부에게 사랑하는 가족을 형성할 수 있도록 변화를 주는 것보다 사회를 위해 더 아름답고 건전한 선물은 없다고 생각합니다. 언론은 최초의 시험관 아기인 루이스 브라운(Louise Joy Brown)의 탄생에 대해 공포감을 부풀렸습니다. 그러나 40년 동안 시험관 수정 기술과 함께 법과 도덕이 발전해 800만 명 이상의 아이들이 이 세상에 나올 수 있도록 도와준 치료 응용 프로그램을 뒷받침하고 있습니다. 유전자 수술은 소수의 가족을 돕기 위해 시험관 수정을 향상시킨 것입니다. 조기 유전자 수술은 몇몇 아동의 유전질환을 치료하고 평생의 고통을 덜어 줄 수 있는 유일한 방법일 것입니다. 우리는 당신이 그들에게 자비를 베풀기를 바랍니다.

그들의 부모는 맞춤 아기를 원하는 것이 아닙니다. 의학이 막을 수 없었던 질환의 고통을 아이가 겪지 않기를 바랄 뿐입니다. 유전자 수술은 치유를 위한 기술이고 앞으로도 그럴 것입니다. 지능을 높이거나 머리나 눈 색깔을 선택하는 것은 자식을 사랑하는 부모가 하는 일이 아닙니다. 그것은 금지되어야 합니다. 나는 내 연구가 논란의 소지가 있을 것이라고 생각하지만, 가족들이 기술을 필요로 한다면 나는 그들을 위해 비판을 감당할 용의가 있습니다.

우리가 올린 몇 가지 평이한 비디오를 통해 우리의 도덕적 가치와 연구에 대해 더 많이 알 수 있을 것입니다. 아래 링크를 통해 우리 연구소의 홈페이지도 방문해 보세요. 만약 루루와 나나 또는 나에게 이메일을 쓰고 싶다면, 화면의 주소를 참조하세요.

그리고 약 두 시간 후, 지난 4월 라이언 페렐에게 임신 사실을 듣고 몇 달 동안 특종을 위한 인터뷰와 촬영을 해 온 AP통신은 "허 젠쿠이가 이미 몇 주 전에 유전자 편집 쌍둥이를 출산시켰다"고 부랴부랴 보도했다. [4]

만약 허 젠쿠이가 주장하는 것이 사실이라면, 이것은 유전학에서 획기적이랄 수도 있는 일이었지만, 과학계의 동료들은 대부분 허 젠쿠이가 유전자 편집된 배아를 사용해 아이를 출생하게 한 결정에 대해 "위험하고, 무책임하고, 미친" 짓이라고 신랄하게 비난했다. [5]

지난 3년간 60건이 넘게 인간 유전자 편집에 관한 회의가 개최되었고, 보고서가 발간되었다. 이를 통해 대부분의 과학자들은 DNA에 대해 원하지 않는 변화까지 포함할 수 있는 안전 문제가 해결될 때까지 배아 편집의 임상 사용을 진행하는 것은 무책임한 일이라고 결론 내렸다. 허 젠쿠이의 실험은 이런 실험을 하기에는 너무 이르다는 유전학자들 사이의 일치된 합의를 어기며 진행되었다. [6] 캘리포니아 대학교 로스엔젤레스 분교의 레오니드 크루글리악(Leonid Kruglyak)은 트위터에서 "이 실험은 생식세포 편집에 대한 전반적인 시각 자체를 무시한다. 우리가 합의해 온 가능한 사용 방법에 대해 모든 규칙과 관례를 노골적으로 무시하는 것"이라고 비판했다. [7] 유럽생물정보학연구소의 이완 버니(Ewan Birney) 소장도 "나는 이것을 그릇된 방향의, 부적절하고 비윤리적인 연구라고 믿는다. …이것은 전적으로 부적절한 실험이며, 모든 유럽 국가에서 비합법적인 것"이라고 규정했다. 크리스퍼 유전자가위의 공동 개발자인 막스플랑크연구소의 에마뉘엘 샤르팡티에(Emmanuelle Charpentier)는 "우리는 여전히 인간 세포에서 유전자 편집의 의미를 완전히 깨닫지 못한 아주 초보적인 단계에 머무르고 있기 때문에, 인간 생식세포에 그 기술을 적용하는 것은 무책임하다. …인간 배아세포에서의 유전자 편집은 생명의 초기 발달을 이해함으로써 특정 질병이 발달하는 저변의 메커니즘을 밝히는 것을 도울 수 있기 때문에 아주 중요하다"라고 주장했다.

인간 배아에 기존의 유전자 편집 기술을 사용하는 데 안전의 문제가 있을 수 있다는 사실은 이미 알려져 있다. 그중에서도 주요한 두 가지 문제점은 유전체에서 의도하지 않았던 다른 부분이 편집되어 엉뚱한 결과를 낳는 표적이탈효과와 편집된 DNA가 모든 세포에 나타나지 않는 모자이크현상이다.

크리스퍼 유전자가위의 공동 개발자이자 매사추세츠 공과 대학과 하버드 대학교가 공동 운영하는 브로드연구소와 하워드휴스의학연구소에 적을 두고 있는 장 펑(Feng Zhang)도 "우리가 사려 깊게 안전의 필요성을 충족시킬 수 있을 때까지 현재의 기술 수준에서는 편집 배아의 착상을 막아야 한다고 생각한다"고 했고, '파이프라인'(In the Pipeline)이라는 블로그를 운영 중인 노바티스의 화학자 데렉 로위(Derek Lowe)는 "이 실험은 아직 수행되지 말아야 했다. 우리는 인간 유전체를 변경하려 한다. 그 점에 대해서는 의심하지 않는다. 하지만 지금 이것처럼 이런 조건에서 변경해야 할 이유는 없었다. 허 젠쿠이는 이 분야에서 일하는 모든 사람들을 더욱 곤혹스럽게 만들었다, 무엇 때문에?"라고 반문했다.

실제로 크리스퍼를 사용해 배아 유전자 편집 연구를 했지만 임신은 시도하지 않았던 런던 프랜시스크릭연구소의 캐시 니아칸(Kathy

Niakan)은 "이 순간 이것이 얼마나 무책임하고, 비윤리적이며, 위험한 것인가를 이루 말로 다 표현할 수가 없다. …한 불량 과학자의 행동이 실제로 과학에 대한 대중의 신뢰를 훼손하고 책임 있는 연구를 퇴보시킬 위험성이 있다"고 했다. 브로드연구소와 하워드휴스의학연구소에 적을 둔 유전체 편집학자 데이비드 류(David Liu)는 "사회에 엄청나게 이로울 수 있는 신기술로 저질러서는 안 될 끔찍한 사건"이라고 결론 내렸다.

캘리포니아 대학교 데이비스 분교의 줄기세포 전문가 폴 뇌플러(Paul Knoepfler)는 "허 젠쿠이는 이 아기들을 유전자 편집한 것이 아니다. …정상적인 야생형 유전자를 돌연변이형으로 변화시킨 것뿐이므로 실제로 허 젠쿠이는 쌍둥이 소녀들을 돌연변이시킨 것이다. 그렇게 불러야 마땅하다"고 주장했다. 애리조나 주립 대학교의 생명윤리학자 벤저민 헐버트(Benjamin Hurlbut)도 〈케미컬 앤 엔지니어링 뉴스〉(*Chemical and Engineering News*)에서 "이들 두 생명은 이제 실험 대상이자 과학적 호기심의 대상이 되었는데, 인간 생명을 이런 식으로 다루는 것은 터무니없는 일이다"라고 주장했다.[8]

중국 과학자들도 그를 칭찬하지 않았다. 유전자 편집을 연구하는 중국 과학자 추 젱종(Zhengzhong Qu)은 허 젠쿠이가 유튜브에 연구 결과를 게재한 사실을 언급하며 "마케팅 속임수"를 사용한다고 소셜 미디어에서 그를 비난했다. 추 젱종은 또 DNA를 편집해서 소녀들에게 HIV에 대한 저항성을 주려 한 그의 시도를 비판했다. 그는 '위챗'(WeChat)에 "이것은 임상 실무적으로 의미가 없다. 이미 검증된 효과적인 방법으로 부모의 HIV 감염으로부터 아기를 보호할 수 있기

때문이다"라고 썼다. 이 경우에는 이익에 비해 위험이 더 클 것이다.[9]

2018년 11월 26일 밤, 중국유전학회와 중국세포생물학회에 소속된 122명의 생의학 연구자들은 온라인 성명서를 통해 허 젠쿠이의 행동을 비윤리적이라고 강력 규탄했다. 그들은 크리스퍼 유전자가위 기술이 표적이탈효과가 심각하고 이를 윤리적으로 고려해야 하기 때문에 유전자 변형 아기를 생산해서는 안 된다고 말했다. 또한 "인체 실험을 강행한 것은 미친 짓이라고 할 수밖에 없다"며, 그들은 관계 당국에 "이번 사례를 철저히 조사해 유전자 편집 실험에 대한 엄격한 규정을 마련하라"고 요구했다. 성명서는 "이 사건은 특히 생의학 분야인 중국 과학의 발전과 국제적 명성에 큰 피해를 입혔다. 연구와 혁신을 추구하며 윤리 기준을 엄격히 따르는 근면하고 양심적인 대다수 중국 과학자들에게 아주 부당한 행동"이라고 주장했다.[10] 산하에 22개의 전국적인 협회를 거느린 중국과협생명과학학회연합체도 과학과 윤리의 정신을 위반한 허 젠쿠이의 연구가 "과학 연구 질서를 심각하게 교란하고 중국의 생명과학 분야의 국제적 명성에 심각한 손상을 입혔다"고 강력히 비난했다.[11]

2015년 12월에 열렸던 '제1차 인간 유전자 편집 국제 정상회담'에서 이미 "①위험성, 잠재적 유익성, 그리고 대안들을 적절하게 이해하고 비교해 상대적인 안전성과 효율성 문제가 해결되지 않았을 때, ②계획된 적용의 적절성에 대한 폭넓은 사회적 공감대가 형성되지 않았을 때와 같은 경우 생식세포의 임상에 [유전자 편집 기술을] 사용하려는 것은 무책임하다"는 결론을 내린 바 있었다.[12]

3년 뒤에 열린 '제2차 인간 유전체 편집 국제 정상회담'은 제1차회담 명칭에 사용된 '유전자' 편집이 아닌 '유전체' 편집으로 그 이름이 바뀌었다. 이 변경은 실험용 동물이나 인간 세포에서 개별 유전자뿐만 아니라 동시에 여러 개의 유전자를 변형시킬 수 있는 크리스퍼 기술의 위력을 반영하는 것이었다. [13]

2018년에 두 번째로 열린 인간 유전체 편집 국제 정상회담의 핵심 목표는 난자, 정자, 초기 배아와 같은 생식세포의 유전체 편집이 나아갈 방향에 대해 국제적 합의를 이끌어내는 것이었다. 그 분야의 많은 과학자들은 누군가가 유전체 편집 도구를 이용해 모체에 착상될 인간 배아를 변경하고야 말 것이라 생각하고, 최초의 유전자 편집 아기가 등장하기 전에 윤리 지침을 마련하려고 노력해 왔다. [14] 그러나 2018년 11월 27일 홍콩에서 열릴 예정이던 '제2차 인간 유전체 편집 국제 정상회담' 전날 밤, 조직위원들은 허 젠쿠이가 이미 인간 배아에 크리스퍼 유전자가위를 사용해 유전자 생식세포 편집을 수행한 다음 여성에게 착상시켜 두 명의 쌍둥이 여자 아기가 태어났다는 느닷없는 소식에 당혹했다. 10월 마지막 날, 허 젠쿠이가 미리 보내 온 슬라이드 발표 자료에는 유전자 편집 아기의 출생을 암시하는 어떤 자료도 포함되어 있지 않았기 때문이다. [15]

이런 당혹감은 제니퍼 다우드나의 개인 성명에서도 잘 드러난다.

이 연구에 책임이 있는 과학자들은 크리스퍼 유전자가위를 인간 생식세포 편집에 적용해서는 안 된다는 세계적인 합의로부터 일탈한 이유를 충분히 설명해야 한다. 대중은 다음 사항을 중요하게 고려해야 한다.

1. 임상시험 보고서는 동료 심사 학술 문헌으로 발표되지 않았다.
2. 데이터가 동료 심사되지 않았기 때문에, 유전자 편집 과정이 제대로 이루어졌는지 여부를 평가할 수 없다.
3. 현재까지 드러난 정보로 미루어 보면, 인간 배아에서 유전자 편집은 미국 국립과학아카데미가 권고한 것처럼 의학적으로 절박한 필요가 있는 경우로 제한할 필요가 있다.

이 뉴스가 크리스퍼 기술을 이용해 성인 및 아동의 질병을 치료하려는 많은 중요한 임상 노력을 위축시켜서는 안 된다. 앞으로 사흘 동안 홍콩에서 열릴 인간 유전체 편집 국제 정상회담처럼 유전체 편집 기술의 다양한 사용에 대해 공개적이고 투명한 논의를 계속해야 한다.[16]

허 젠쿠이도 쌍둥이의 출산이 물의를 빚을 것이라고 충분히 예상한 것 같다. 그는 뉴스가 보도된 그 날의 유튜브 동영상에서 "나는 내일이 논란이 될 것이라는 것을 알지만, 가족들이 이 기술을 필요로 한다고 믿고 있고, 그들을 위해 비판을 감수할 것이다"라고 말했다.[17]
허 젠쿠이는 이 같은 비판이나 논란이 자신의 발표에 어떤 영향을 미치지나 않을지 걱정했다. 그는 회의가 열리기 전 날, 제니퍼 다우드나와 개인적으로 접촉해 유전자 편집 아기를 만들었다는 사실을 실토했다. 허 젠쿠이와 몇 명의 인간 유전체 국제 정상회담 조직위원들이 모인 갑작스런 그날 저녁식사 자리에서는 다음과 같은 질문이 허 젠쿠이에게 쏟아졌다. '크리스퍼로 편집하려고 시도한 배아는 몇 개인가?' '몇 개나 성공했나?' '어떤 배아를 이식할지 어떻게 결정했나?' '편집이 계획된 대로 진행됐는지 확인하기 위해 어떤 검사를 했나?' '왜 HIV 감염과 관련된 유전자 CCR5를 골랐는가?' '부모들은 태어날 아기에 미칠 위험을 이해했는가?' '그걸 어떻게 알 수 있었나?'

크리스퍼 전문가들에게조차 자신의 연구가 인정을 받기는커녕 비난이 빗발치자 허 젠쿠이는 깜짝 놀란 것 같다. 중간에 허 젠쿠이가 화를 내고 나가 버렸기 때문에 조직위원들은 그가 다음날 발표에 나타나지 않으면 어쩌나 걱정했다.[18]

정상회담 조직위원회는 갑자기 벌어진 상황에 대처해야 했다. 2018년 11월 26일 정상회담 조직위원회는 허 젠쿠이의 연구에 대해 최근에야 알게 되었다는 성명을 발표했다. 성명은 "중국에서 아이를 태어나게 한 임상시험 절차가 생식세포 유전체 편집의 임상시험을 위한 주요 과학 기구의 지침에 부합하는지 여부를 알아야 한다" "우리는 정상회담에서의 대화를 통해 인간 유전체 편집을 둘러싼 문제들에 대해 더 잘 이해할 수 있기를 바란다. 인간 유전체 편집 연구가 전체 사회의 이익을 위해 책임 있게 이루어지도록 하는 것이 우리의 목표다"라고 밝혔다.[19]

갑론을박을 벌인 끝에 조직위원들은 허 젠쿠이가 여전히 발표를 원한다면 정상회담에 참여해 발표하게 해야 한다는 결론에 이르렀다. 이 일로 나중에 그에게 멍석을 깔아 준 게 아니냐는 비난을 받았지만, 허 젠쿠이가 한 일과 그 이유를 알기 위해서는 발표할 기회를 준다는 원래의 결정을 고수하는 수밖에 없었다.[20]

2018년 11월 28일의 발표에서 허 젠쿠이는 59장의 슬라이드를 사용해 가며 실험을 비교적 상세하게 설명했다. 20여 분 동안 그는 실험의 목표, 실험에 참여한 사람들의 조건, 특별한 실험에 대한 동의, 미래에 가능한 일들, 신생아의 건강을 모니터링하는 정책 등 자신의 실험에 대해 몇 가지 기본적인 정보를 제시했다. 그는 CCR5 유전자에서 유발된 돌연변이를 가지고 태어난 아이들이 HIV에 감염되지 않을 것이라고 하면서, 실험을 수행한 이유를 설명했다. 그는 또 CCR5라는 유전자가 비교적 잘 알려져 있기 때문에 이 유전자를 불활성화시키려고 했으며, 먼저 쥐와 원숭이를 대상으로 실험해 가능성을 확인했다고 밝혔다. 그는 CCR5 넉아웃* 돌연변이가 수행된 쥐에서 성공률이 매우 높고 표적이탈 돌연변이가 거의 나타나지 않는다는 데이터를 제시했다. 그는 쥐를 3대에 걸쳐 길러 쥐의 해부 구조와 행동이 완전히 정상이라는 것을 보여 주었다. 그후 그는 남편이 HIV 양성이고 아내는 음성인 여덟 쌍의 부부(그중 한 쌍은 중도 포기함)를 예비 부모로 모집해 HIV에 감염되지 않는 유전적으로 변형된 아기를 만들려고 했다.

허 젠쿠이가 편집한 유전자는 HIV가 결합하고 진입점으로 사용할 수 있는, 백혈구 표면의 단백질인 CCR5 단백질을 암호화한다. CCR5 단백질을 변형시키면, 이를 통해 HIV가 백혈구 세포에 침투·증식하는 것을 막을 수 있기 때문에, 그는 우선 CCR5 유전자 변형 배아를 만들려고 했다. 이 목적을 위해 먼저 수집한 정액으로부터 정자를 분리해 세척한 후 난자당 한 개의 정자를 사용하여 수정 배아를 만들었

---

* 넉아웃(knockout): 염기의 탈락이나 첨가를 통한 유전자의 기능 상실

다. 총 31개의 배아에 CCR5를 겨냥하는 가이드RNA*와 유전자를 절단할 Cas9† 효소로 이루어진 크리스퍼 유전자가위를 주입했다. 배아에서 떼어 낸 세포를 통해 21개의 배아에서 유전자 편집이 성공적으로 이루어졌음을 확인했고, 이 중 11개의 배아를 여섯 번의 착상에 사용했다. 그중 한 명의 여성이 임신에 성공해 루루와 나나라는 쌍둥이를 출산했다.

그는 태어난 두 아이의 건강 상태를 앞으로 18년 동안 평가할 것이며, 성인이 된 후 동의를 받게 되면 그 이후에도 모니터링을 지속할 예정이라고 말했다. 그는 또한 자신의 연구에 대해 자부심을 느끼며, 가까운 미래에 자신의 연구를 통해 수백만 명의 사람들이 혜택을 볼 것이라고 말했다.[21]

허 젠쿠이는 "나는 단지 첫 번째로 이런 연구를 했다는 것뿐만 아니라 이 연구를 본보기로 만들어야 한다는 강한 책임감을 느낀다"라고 말했다. 그리고 "다른 사람들이 이 선례를 따를지 여부는 사회가 결정할 것이다"라고 덧붙였다. 아니면, 사회가 어떤 합의에 도달하기 전에 허 젠쿠이와 같은 무모한 과학자들이 유전자 편집 아기를 더 만들려고 할 수도 있다.[22]

* 가이드RNA(gRNA): RNA와 DNA의 염기서열이 상보적일 때 서로 결합하는 특성을 이용해, 절단하려는 RNA의 특정 부위로 유전자가위를 안내하는 역할을 하는 RNA.

† Cas9(CRISPR associated 9): 유산균의 크리스퍼 유전자가위에 존재하는 핵산분해효소로 크리스퍼 배열 부근에 존재하는 유전자에서 발현함.

1) Andrew Joseph, Rebecca Robbins, Sharon Begley, "An outsider claimed to make genome-editing history — and the world snapped to attention", STAT (2018. 11. 26.), https://www.statnews.com/2018/11/26/he-jiankui-gene-edited-babies-china/

2) Antonio Regaldo, "Exclusive: Chinese scientists are creating CRISPR babies", MIT Technology Review (2018. 11. 25.), https://www.technologyreview.com/s/612458/exclusive-chinese-scientists-are-creating-crispr-babies/?fbclid=IwAR1kn00KqpLe9OIypo_OAHja7rhjUtRu6388wpH0X-34Pjjh87X90o6T1fHg

3) The He Lab, "About Lulu and Nana", YouTube (2018. 11. 26.), https://www.youtube.com/watch?v=th0vnOmFltc&feature=youtu.be&fbclid=IwAR0dCF1WTNlB6qKRCejYp9gbMKc-gztqMqMOWxXN49U2qUpfR8hUrJwvCpls

4) Marilyn Marchione, "Chinese researcher claims first gene-edited babies", AP News (2018. 11. 26.), https://apnews.com/4997b-b7aa36c45449b488e19ac83e86d?fbclid=IwAR3vQzbgoj4B2Fh-KEqUycmYk1LGJMaOA_mo3LvmwKGImE_Ap1i69A3t3Bx8

5) Mohammed Abdul Kalam, "Controversy surrounding gene-editing of babies" (2018. 12. 11.), http://www.theindependentbd.com/post/178335

6) Alice Klein, Michael LePage, "The gene editing revelation that shocked the world", NewScientist (2018. 12. 5.), https://www.newscientist.com/article/mg24032073-700-the-gene-editing-revelation-that-shocked-the-world/

7) Kevin Davies, "He said what now?", The CRISPR Journal 1(6), 2018, 358-362.

8) Kevin Davies, "He said what now?" The CRISPR Journal 1(6), 2018, 358-362.

9) Eben Kirksey, "Even China roundly condemns editing the genes of babies", WIRED (2018. 12. 7.), https://www.wired.com/story/even-china-roundly-condemns-editing-the-genes-of-babies/

10) Rachel Chang, John Liu, "Chinese fury at gene scientist grows as world waits for proof", BNN Bloomberg (2018. 11. 27.), https://www.bnnbloomberg.ca/chinese-fury-at-gene-scientist-grows-as-world-waits-for-proof-1.1174600

11) Rachel Chang, John Liu, "Chinese fury at gene scientist grows as world waits for proof", BNN Bloomberg (2018. 11. 27.), https://www.bnnbloomberg.ca/chinese-fury-at-gene-scientist-grows-as-world-waits-for-proof-1.1174600

12) Ed Yong, "The CRISPR baby scandal gets worse by the day", The Atlantic (2018. 12. 3.), https://www.theatlantic.com/science/archive/2018/12/15-worrying-things-about-crispr-babies-scandal/577234/

13) Sharon Begley, "As a genome editing summit opens in Hong Kong questions abound over China and why it quietly bowed out", STAT (2018. 11. 26.), https://www.statnews.com/2018/11/26/human-genome-editing-summit-china/

14) David Cyranoski, Heidi Ledford, "Genome-edited baby claim provokes international outcry", Nature (2018. 11. 26.), https://www.nature.com/articles/d41586-018-07545-0

15) Kevin Davies, "He said what now?" The CRISPR Journal 1(6), 2018, 358-362.

16) Public Affairs, UC Berkeley, "CRISPR co-inventor responds to claim of first genetically edited babies", Berkeley News (2018. 11. 26.), https://news.berkeley.edu/2018/11/26/doudna-responds-to-claim-of-first-crispr-edited-babies/

17) Lila Tulin, "What's new and what's not in the reported birth of the CRISPR babies", Smithonian.com (2018. 12. 3.), https://

www.smithsonianmag.com/science-nature/whats-new-
whats-not-reported-birth-crispr-babies-180970935/

18) Sharon Begley, "The CRISPR shocker: How genome-editing
scientist He Jiankui rose from obscurity to stun the world"
(2017. 12. 27.), https://www.statnews.com/2018/12/17/cris-
pr-shocker-genome-editing-scientist-he-jiankui/

19) The National Academies of Sciences, Engineering and Medi-
cine, "Statement from the organizing committee on reported
human embryo genome editing", News Second International
Summit on Human Genome Editing (2018. 11. 26), http://
www8.nationalacademies.org/onpinews/newsitem.aspx?Re-
cordID=11262018

20) Robin Lovell-Badge, "CRISPR babies: a view from the cen-
tre of the storm", Devlopment (2019. 2. 6.), DOI: 10.1242/
dev.175778

21) The National Academies of Sciences, Engineering and Med-
icine, Second International "Summit on Human Genome
Editing - November 28, 2018: Day 2" (2018. 11. 28.), https://
livestream.com/accounts/7036396/events/8464254/vid-
eos/184103056/player?width=640&height=360&enableIn-
fo=true&defaultDrawer=&autoPlay=false&mute=false

22) Julia Belluz, "Is the CRISPR baby controversy the start of a terri-
fying new chapter in gene editing?", Vox (2019. 1. 22.), https://

www.vox.com/science-and-health/2018/11/30/18119589/

crispr-gene-editing-he-jiankui

2

공식 발표

세계 최초의 유전자 편집 아기에 대한 관심을 보여 주듯 수십 명의 과학자와 기자 들이 발표가 시작되기 세 시간 전인 아침 7시 30분부터 500명을 수용할 수 있는 리샤우키 중앙대회의장에 몰려들었다. 빈 좌석은 이제 60여 개밖에 남지 않았다. 발표 직전에 이어폰을 낀 세 명의 경호요원이 강당의 앞좌석에 자리를 잡자 카메라맨과 기자들이 강당 안으로 몰려 들어와 통로를 가득 메웠고, 마지막 남은 자리를 차지하려고 서로 다투었다.[1]

발표 순서를 소개하면서 런던 프랜시스크릭연구소의 발생생물학자인 진행자 로빈 러벨배지(Robin Lovell-Badge)는 "이 세션에 관심이 있다는 것을 잘 알고 있습니다"라고 영국식으로 절제하며 말했다. 터질 듯한 긴장감으로 가득 찬 분위기를 의식하며 그는 단호하게 말을 이었다.

여기에 계신 여러분께 상기시켜드리고 싶은 것은, 우리가 허 젠쿠이 박사가 행한 연구를 과학의 측면에서뿐만 아니라 다른 측면에서도 설명할 기회를 드리고자 한다는 것입니다. 방해를 받지 않고 발표할 수 있어야 할 것입니다. 소란이나 방해 행위가 너무 심각하면 이 발표 순서를 취소할 권리가 내게 있음을 미리 알려드립니다.

또 다른 몇 가지를 더 알려드립니다. 그가 방문 초청을 수락하고 발표하겠다고 한 후 지난 며칠간 벌어진 일의 전말에 대해 우리는 사전에 알지 못했습니다. 사실 그가 이 세션에서 발표하기 위해 보낸 슬라이드에는 오늘 발표하려고 하는 연구의 어떤 것도 포함되지 않았습니다. 몇 가지 임상 결과가 있었지만 착상한 인간 배아가 포함되지는 않은 것이었습니다.

나는 또한 홍콩 대학교에서 제공한 발표장에 있음을 다시 한 번 상기시켜 드립니다. 홍콩 대학교에는 자유 발언을 허락하는 관용의 전통이 있습니다. 우리는 이 자유 발언의 전통을 따르고자 합니다. 허 젠쿠이 박사는 단상으로 나와 연구 결과를 발표해 주십시오.

그는 한참 동안 나타나지 않았다. 로빈 러벨배지는 당황한 나머지 "나는 그가 어디 있는지 모릅니다…"라고 말을 흐렸다.
한참 뜸을 들이더니 마침내 허 젠쿠이가 등장했다. 다른 연사들이 앞줄에 앉아 연설할 차례가 되었을 때 무대 위로 올라온 것과 달리 그는 옆문에서 가방을 든 채 걸어 들어와 박수를 받으며 단상에 자리를 잡았다. "감사합니다." 그는 머뭇머뭇 말문을 열었다.

이 학술대회 직전에 이 연구 결과가 조직위원회와 무관하게, 동료 심사 과정 없이 예기치 않게 새어 나간 점에 대해 우선 사과드립니다.

카메라의 플래시들이 터지는 소음 때문에 그의 사과는 잘 들리지 않았다. 소음이 가라앉기를 기다리며 그는 잠시 숨을 골랐다.

이 연구는 심사를 위해 과학 저널에 투고되었습니다. 우리가 몇 달전에 만났던 AP 통신이 앞으로 얻게 될 연구 결과를 여러 관점에서 정확하게 보도하겠다는 약속을 지켜 준 데 대해 감사드립니다. 이 연구가 수행되는지 알지 못했지만, 우리 대학에도 감사를 드립니다. 이 데이터를 논의하고 이 포럼을 준비한 조직위원회와 지혜를 나누어 준 여러분께도 감사드립니다.
나는 사람과 원숭이에 초점을 둔 데이터를 개관하고자 합니다.

그는 먼저 HIV에 대해 설명하기 시작했다.

HIV 치료법이 놀랍게 발전했고 이 치료를 쉽게 받을 수 있게 되었지만 최근의 감염율은 UNAIDS 2020의 목표치보다 세 배나 더 높습니다. HIV는 여전히 몇몇 나라, 특히 개발도상국에서는 10대 사망원인 중 하나입니다. 아프리카 남부 지역에서 HIV 양성인 어머니에서 감염되지 않고 태어나는 아기들의 비율이 높습니다. 그런데 생애 최초 몇 달 동안에 HIV에 감염될 위험성은 다른 아기들보다 훨씬 더 높습니다. 이것은 심각한 문제입니다. 이러한 조건 때문에 감염 위험성이 점점 커지고 있는 실정입니다.

일부 유럽 국가에서는 10% 정도의 인구가 HIV 감염을 자연적으로 예방하는 유전자의 복사본을 가지고 있습니다. 이 대립유전자*는 HIV 치료의 새로운 문을 열었고, 이 자연적인 결실은 수십 년 동안 임상시험에 사용되어 왔습니다. CCR5 유전자는 변이가 가장 많이 연구되었으며 가장 널리 알려진 유전자 중 하나입니다.

우리는 우선 마우스에서 CCR5 유전자 넉아웃이 여러 세대에 걸쳐 미치는 영향을 조사하기 위해 CCR5 유전자 넉아웃을 연구했습니다. 편집은 예상했던 대로 효율적으로 일어났습니다. CCR5 넉아웃 마우스를 3대까지 만들었고, 이를 웨스턴 블롯†과 유세포 분석‡으로 확인했습니다.

---

* 대립유전자(allele): 부모로부터 각각 유래하는 한 쌍의 유전자.
† 웨스턴 블롯(Western blot): 특정 단백질이 세포 내에서 발현되고 있는지를 확인하거나 단백질의 양을 측정하기 위해 항원결정부위와 반응하는 항체를 이용해 단백질 혼합물 중 특정 단백질을 찾아내는 방법.
‡ 유세포 분석(flow cytometry): 용액 내의 세포가 특정한 감지점을 통과할 때 이를 측정해 세포가 갖는 여러 특징을 측정하고 특정 세포를 선별하는 방법.

심장, 간, 폐 그리고 위를 조직검사한 결과는 이상이 없었습니다. 두 가지 일반적인 행동을 관찰했지만 차이가 나타나지 않았습니다.

우리는 사람의 CCR5를 겨냥하기 위한 단일가이드RNA[*](sgRNA)를 디자인하고자 했습니다. 우리는 정확히 Δ32[†] 돌연변이를 일으킬 수 있는 가이드RNA들을 평가했습니다. 역치를 예측할 수 있는 MIT 특이성점수[‡]로 확인한 결과 표적이탈효과는 나타나지 않았습니다. 이전에 비생존성 배아를 포함하는 다세포 유형을 연구한 몇 건의 보고에서도 sg4 유전자 자리는 표적이탈효과를 나타내지 않는다고 평가되었습니다.

sg4는 사람 세포주와 3원핵접합체[§] 사람 배아에서 편집 활성 효율이 가장 높았습니다. 이 표적 부위는 원숭이 유전체에서도 나타나기 때문에 우리는 원숭이를 동물모델로 사용해 sg4를 더 평가할 수 있었습니다.

---

[*] 단일가이드RNA(sgRNA): crRNA(CRISPR RNA, 크리스퍼 배열에서 전사되는 RNA)와 tracrRNA(transcrispr RNA, crRNA와 짝을 지어 Cas9을 결합시켜 주는 RNA)를 연결 가공한 RNA로 크리스퍼 유전자가위를 표적 부위로 인도함.

[†] Δ32: 32개의 염기서열이 결여되었다는 뜻.

[‡] MIT 특이성점수(MIT specificity score): 가이드RNA의 표적 이탈 확률을 0에서 100까지의 수치로 표현한 것

[§] 3원핵접합체(tripronuclear zygote): 3개의 배우자세포 핵을 갖는 접합체. 보통 정자 2개가 난자에 동시에 접합해 3n의 핵상을 가지며 성숙한 배아로 발달할 수 없다.

우리는 Cas9이 표적을 찾으려면 시간이 걸리고 시간이 지나면서 분해되기 때문에 수정 직후 Cas9을 주입할수록 편집효율성이 높아진다는 사실을 발견했습니다. 우리는 모든 실험에 걸쳐 Cas9을 주입해도 수정란 형성 과정에 영향을 주지 않는다는 사실을 관찰했습니다. 초기에 Cas9을 주입할수록 모자이크현상이 줄어든다는 사실도 확인했습니다.

모자이크현상에 대해 더 자세히 살펴보기 위해 우리는 1·2·3세포기에 있는 몇 가지 배아에서 개별 세포도 시퀀싱했습니다. Cas9이 빨리 분해되고 정확한 표적을 찾기 위해서는 시간이 걸린다는 가정하에 우리는 2세포기에 Cas9을 다시 한 번 주입해 모자이크현상을 줄이려는 방법이 효과가 있는지 확인했습니다. 배아에서 배반포*로 발달하는 데는 지장을 주지 않았습니다. 우리는 시료의 개수를 늘려서 이전과 마찬가지로 부모와 주기에 따른 변이 여부를 관찰하여 확인했습니다.

우리는 다음으로 이 실험 방법을 사람 배아에 적용할 수 있을지를 살펴보고자 했습니다. 다른 연구자들이 보고한 바와 같이 Cas9이 가장 효율적인 전달 형태였습니다. 원숭이 배아에서 사용한 적량을 가하면 효율성이 높아졌습니다. 2017년 2월의 유전체 편집 워

---

* 배반포(blastocyst): 자궁에 착상하기 직전의 초기 배아. 태반으로 발달하는 외측의 영양내배엽과 태아가 되는 내부의 세포 덩어리, 그리고 이 사이의 배반포강으로 나뉜다.

크숍에서 발표했을 때 받은 조언에 따라 우리는 비생존 배아를 편집했고 배아 줄기세포주를 확립했습니다. 온전한 배아와 넉아웃 배아에서 핵형*은 정상이었습니다. 염색 및 유세포 분석으로 확인한 결과 배아 줄기세포 마커†는 정상으로 발현되었습니다. 이 배아 줄기세포는 또한 14일 동안의 배-배반포 실험에서 안전성을 나타내는 총 세 가지의 생식세포주를 형성했는데, 이는 방법이 안전하다는 것을 나타냅니다.

안전성에 관한 다른 우려는 표적이탈현상입니다. 세포의 1세포기 또는 몇 개 세포기 동안 배아를 표적할 때 표적이탈효과가 발생하면 매우 심각한 결과를 낳고 몸 전체에 그 결과가 나타날 수 있습니다. 체세포† 유전자 치료§에서도 표적이탈현상이 나타날 수 있지만, 건강 문제는 생식세포의 경우에 비해 상대적으로 적습니다.

우리는 단일 세포 전장유전체 시퀀싱으로 배아를 착상하기 전에 표적 이탈을 평가했습니다. 우리는 위양성율¶을 최소화하고 불편

---

* 핵형(karyotype): 세포의 핵 안에 있는 염색체의 크기와 형태, 수, 배열 상태.

† 배아 줄기세포 마커(embryonic stem cell marker): 배아 줄기세포의 특징으로 발현되는 단백질.

‡ 체세포(somatic cell): 자손에게 유전물질을 전달하지 않으며 몸을 구성하는 세포.

§ 유전자 치료(gene therapy): 돌연변이 유전자를 교정해 정상 표현형을 갖게 하는 치료.

¶ 위양성율(false positive rate): 실제로는 양성이 아닌데 양성처럼 관찰되는 비율.

측정*을 하기 위해 MDA 등온 증폭† 방법을 사용했습니다. 미탈리포프(Shoukhrat Mitalipov) 실험실도 동일한 방법을 사용하고 있는데, 이는 시퀀싱한 기준 유전체에는 존재하지 않지만 부모 세포에는 존재하는 위험 부위를 찾기 위해 부모 유전체를 시퀀싱하는 진일보한 방법입니다. 우리는 이전의 문헌에서 언급된 모든 부위를 모아 표적 이탈이 일어날 수 있는 부위의 풀을 만들었습니다. 우리는 잠재적인 전달 부위의 불편측정을 위해 원래의 그리고 크리스퍼 디자인의 2018년판과 같은 컴퓨터 예측 유전체 부위를 추가했습니다.

마지막으로 우리는 감도를 높여서 각 배아의 독특한 새로운 위험 부위를 찾기 위해 부모 유전체를 입력했습니다. 이런 위험 부위는 유전된 인델‡일 수도 있고 단일염기다형성§ (SNP)일 수도 있습니다. 한 배아당 10,000단위로 모든 유전자자리를 모았습니다. 우리는 이 부위들을 전장유전체 시퀀싱을 사용하여 평가했고, 그 결과를

---

* 불편측정(unbiased assessment): 표본의 수를 많게 하여 구한 추정량과 모수의 차이가 없도록 하는 측정.

† MDA 등온 증폭(isothermal MDA amplification): 다중 치환 등온 증폭. 오류 비율이 낮고 소량의 시료로부터 많은 증폭 산물을 만들 수 있으며, 단일 세포 유전체 시퀀싱에 편리하게 사용할 수 있다.

‡ 인델(indel): 비상동말단접합 방식에 의한 이중가닥 절단 수리 시 나타나는 삽입과 결실을 모두 지칭하는 염기의 첨삭.

§ 단일염기다형성(single nucleotide polymorphism): DNA 염기서열에서 하나의 염기만 다른 유전적 변이.

생거 시퀀싱[*]으로 재확인했습니다.

마지막으로 루루와 나나의 데이터를 생거 시퀀싱으로 검토하였습니다. 불편 절단유전체 시퀀싱[†] 측정법으로 유전체 전체에서 추린 잠재적인 절단 부위 중 전장유전체 시퀀싱으로 확인된 부위는 없었습니다. MIT 크리스퍼 디자인 소프트웨어[‡]의 2018년판과 원판으로 밝힌 위험 부위의 활성은 관찰되지 않았습니다.

우리는 편집된 인간 배아 줄기세포 주에서 표적 이탈을 조사했습니다. 부모의 유전체와 배아의 유전체를 직접 조사하지는 못했지만, 한곳에서 가능한 잘못 잘릴 수 있는 표적을 확인했습니다. 이 이탈 표적은 유전자와 유전자 사이에 나타났지만, 우리는 이것이 유전된 것인지 편집 과정에서 생긴 것인지 확인할 수 없었습니다. 19개의 생존력 있는 배아의 편집 효율을 관찰할 수 있었습니다. 우리는 모든 배아를 대상으로 착상전 유전자 진단[§]과 전장유전체 시퀀싱을 수행했지만, 표적 이탈 부위는 나타나지 않았습니다.

---

[*] 생거 시퀀싱(Sanger sequencing): 1977년 생거 등에 의해 개발된 염기서열 분석법.

[†] 절단유전체 시퀀싱(digenome sequencing): 유전자가위로 자를 표적 염기서열과 다른 염기서열을 비교해 정확도와 속도를 높이는 시퀀싱 방법.

[‡] MIT 크리스퍼 디자인 소프트웨어(MIT CRISPR Design Software): MIT의 장 펑 연구팀이 크리스퍼 유전자가위 시스템에 사용하기 위한 가이드RNA를 디자인하기 쉽도록 고안한 소프트웨어.

[§] 착상전 유전자 진단(preimplantation genetic diagnosis): 착상전 배아에서 결함 유전자의 유무를 확인하는 방법.

한 배아에서는 표적 적중 부위*에서 6kb가 결실†되었는데, 이는 CCR5 외의 다른 유전자에는 영향을 미치지 않았습니다. 다른 유전자와 CCR5 유전자의 거리가 멀리 떨어져 있기 때문에 커다란 결실이 일어나도 위험성은 적습니다. 우리는 키메라적 판독물‡과 육안 구조 평가를 통해 대량 결실을 밝혀 냈습니다.

루루와 나나의 유전체 데이터입니다.

우리는 부모의 유전체를 시퀀싱해 표적 부위의 보존을 확인하고 이탈 표적의 검출을 뒷받침하고자 했습니다. 모친은 HIV 음성이었고 부친은 바이러스 수치가 검출되지 않는 HIV 양성이었습니다. 전염을 막기 위해 난자세포질 내 정자주입술§ (ICSI)과 정자 세척을 사용했습니다. 5일째 되는 날 우리는 착상전 유전자 진단을 위해 배반포로부터 몇 개의 세포를 떼어 냈습니다. 모친이 양수천자¶를 거절하였으므로 임신 중 세포에서 분리된 DNA로 이 결과를 재확인했습니다.

---

* 표적 적중 부위(on-target site): 원래 표적하고자 했던 부위.

† 결실(deletion): 유전자의 일부 염기가 탈락하는 현상.

‡ 키메라적 판독물(chimeric read): 중복되지 않는 유전체의 별개 부분에 결합하는 하나의 시퀀싱 독해물.

§ 난자세포질 내 정자주입술(intracytoplasmic sperm injection, ICSI): 남성 불임을 해결하기 위해 남편에게서 채취한 정자를 아내 난자의 세포질 안으로 주입하여 수정하는 방법.

¶ 양수천자(amniocentesis): 산전 유전자 진단을 위해 임신부 복벽을 통해 침을 넣어 양수를 채취하는 방법.

루루와 나나는 정상적으로 건강하게 태어났습니다. 출생 이후 우리는 몇 가지의 조직에서 시퀀싱을 하였습니다. 생거 시퀀싱에 의한 착상전 유전자 진단을 통해 4개의 생존력 있는 배반포 중 2개에서 CCR5 편집이 일어났음을 확인했습니다.

마크(부친의 가명)와 그레이스(모친의 가명)의 IVF 1주기의 착상전 유전자 진단 결과입니다. 하나는 틀이동[*] 넉아웃이었는데, HIV를 방어하는 자연 변이체와 유사하게 CCR5 단백질이 짧아졌습니다. 다른 것은 한쪽 대립유전자에서 U염기가 결실되었습니다.

결실은 HIV 결합 부위와 인접한 단백질 구조를 부분적으로 불안정화시킬 것으로 예상됩니다. 부모에게는 배아를 착상할 때 HIV 감염과 관련한 정보를 제공했습니다. 그리고 착상을 하지 않고 실험에 더 이상 참여하지 않거나 변형되지 않은 배아를 착상할 수 있는 선택권을 알려 주었습니다. 부부는 이 배아를 착상하기 원했고 두 개의 배아를 임신하게 되었습니다.

생거 시퀀싱 데이터와 함께 유전체의 80% 이상에서 위험성을 찾아 낼 수 있는 전장유전체 시퀀싱 데이터도 참여자에게 알려 주었습니다. 전장유전체 시퀀싱으로 다른 유전자와 멀리 떨어진 유전자들 사이의 부위에 meq 기반 판독물 내에 한 개의 이탈 표적이

---

[*] 틀이동(frameshift): 아미노산을 지정하는 염기가 3의 배수가 안 되게 결실·삽입됨으로써 그 이후의 아미노산 서열이 완전히 달라지는 현상.

존재하고, 이것이 나타난 부위가 RNA나 전사인자를 암호화하지 않는다는 사실도 밝혔습니다.

모친이 양수천자를 거부했기 때문에 세포에서 분리된 혈액 속 DNA로 착상전 유전자 진단을 한 결과 유전자 사이의 이탈 표적을 확인할 수 없었습니다. 다른 DNA 테스트에서 새로운 암 유전자 변이가 나타나지 않는다는 것을 확인했습니다.

출생 이후, 아기의 혈액인 탯줄 혈액을 딥시퀀싱하여 착상전 유전자 진단 및 세포에서 분리된 DNA로 조사한 편집 패턴을 재확인했습니다. 생거 시퀀싱으로도 이 관찰 패턴을 확인했습니다.

출생 이후, 우리는 Miseq 및 딥시퀀싱 그리고 생거 시퀀싱을 했지만 착상전 유전자 진단에서 관찰된 유전자 사이의 이탈 표적을 찾아 내지 못했습니다. 이것은 단일 세포 증폭 시에 생성되었거나, 착상전 유전자 진단에 사용된 배반포 세포에서 발생한 모자이크의 이탈 표적일 수도 있습니다. 우리는 탯줄 혈액을 100번, 그리고 태반을 30번 전장유전체 시퀀싱을 진행했습니다. 유전체 전체에 걸쳐 이탈 표적이나 커다란 결실을 나타내지 않았습니다.

우리는 p3 생물안전성 나이프에서 HIV 감염 가능성을 조사하는 등 편집의 영향을 계속 평가하려고 합니다. 또한 여러 조직에 걸쳐 표적이탈효과와 모자이크현상을 조사할 것입니다. 그리고 쌍둥이

들이 성인이 되면 지속적인 모니터링 및 지원에 대해 동의해 줄 것
이라고 기대하며 18세가 될 때까지 그들의 건강을 모니터할 생각
입니다. 감사합니다.

1) Kevin Davies, "He said what now?", The CRISPR Journal 1(6), 2018, 358-362.

3

엉성한 과학

로빈 러벨배지(RLB): 자, 이제 일반적인 질문을 받기 전에 과학적인 부분이 잘 진행되었는가를 확인하기 위해 우리 세 사람이 잠깐 이야기를 나눌까 합니다. 함께 이야기 나눌 매튜(Matthew Porteus)가 나와 있습니다.

당신은 CCR5가 이 실험에서 표적하기에 적당한 유전자라고 생각해서 제일 먼저 CCR5를 연구하기로 한 것 같군요. 당신은 자연적으로 나타나는 돌연변이라고 말했는데, CCR5와 그 기능에 대해 정말 충분히 알고 있습니까? 실제로 CCR5 유전자가 돌연변이된 사람은 수백만 명에 이를 것입니다. 돌연변이를 가졌다고 생각되는 사람들은 대부분 북부 유럽인이고요. 예를 들어 중국에서는 Δ32 돌연변이가 아주 아주 드뭅니다. 북유럽으로부터 아예 전파

되지 않았거나 또는 중국에서 도태된 것 같습니다.

CCR5가 돌연변이가 되면 HIV 감염을 예방할 수 있는 것으로 알려졌지만 다른 합병증을 겪을 수 있습니다. 웨스트나일바이러스의 위험성이 증가한다는 증거가 있습니다. 질문이 길어져서 죄송하지만 이것을 먼저 답해 주시고 다른 것을 답해 주시면 좋겠습니다. 아마도 인플루엔자를 예상할 수 있겠는데, CCR5 돌연변이를 가진 이들은 이 지역에서 우려하는 인플루엔자의 심각한 영향에 더욱 취약할 것 같습니다.

허 젠쿠이(HJ): 우리는 몇 가지 이유로 CCR5를 선택했습니다. 첫째, HIV 때문입니다. HIV는 몇몇 개발도상국에서는 치명적인 질병이고, 아동이 HIV에 노출되어 질병에 걸리는 건 이제 전 세계적으로 새로운 문제가 되었으며, 잠비아와 중국에서도 그런 경향이 나타나고 있습니다. 아동들은 6개월에서 18개월 사이에 대다수가 감염되는 반면 부모는 0.5 내지 2.5%만 감염되어 일반적으로 아동에 비해 커다란 차이를 나타내고 있습니다. 이 유전자는 수십 년간 연구되어 왔고, 그에 대한 임상실험이 여러 번 진행되었으며 웨스트나일바이러스나 다른 부작용도 조사되었습니다. 따라서 부모에게 고지동의*를 받는 과정에서 웨스트나일바이러스 감염에 대해 알려 주었으며, 아이가 18세가 될 때까지 또는 그 이후에도 모니터링 프로그램을 통해 정기적으로 웨스트나일바이러스 검출 여부를 살펴보려고 합니다.

* 고지동의(informed consent): 충분한 설명을 근거로 하는 동의.

RLB: CCR5는 HIV와 상관없는 면역계에서도 작용하는 것이 확실합니다. 우리가 알다시피 면역계는 몸 전체에 영향을 나타내고 뇌까지 영향을 미칩니다. 그것은 시상하부의 기능과 뇌의 다른 기능에도 영향을 미치는 것으로 알려졌습니다. 행동이나 인지에 아무 영향을 미치지 않는다는 증거를 살펴본 자체 연구를 언급했습니다만, 몇 년 전 CCR5에 돌연변이를 갖는 생쥐가 실제로 인지능력이 향상된다는 다른 논문이 출판되어 HIV에 면역력을 보였지만 의도하지 않게 증강*을 야기할 가능성을 제기했습니다. 그렇다면 제일 먼저 선택할 정도로 CCR5 유전자와 그것이 면역계에 미치는 역할에 대해 정말 잘 알고 있다고 생각합니까?

HJ: 첫째, 나는 증강을 위해 유전체를 편집하는 것에 반대합니다. 둘째, 언급한 논문을 나도 보았고, 그것은 독립적인 검증이 필요하다고 생각합니다. CCR5로 시작한 다른 이유는 최초 모델을 단순하고 우리가 잘 알고 있는 단일 유전자로 신중하게 시작해야 하기 때문입니다. 아마 미래에는 복수의 유전자, 더 복잡한 유전형으로 옮겨 갈 수도 있을 것입니다.

허 젠쿠이는 20여 분의 발표 이후 약 40분 동안 질문에 답했다. 먼저 패널을 맡은 로빈 러벨배지와 스탠포드 대학교의 유전자 편집 전문

* 증강(enhancement): 치료 이외의 목적으로 형질을 개선하기 위해 유전자 변형을 하는 것

가 매튜 포투스가 말문을 열었다.

러벨배지는 먼저 여러 합병증을 나타낼 수도 있는 CCR5를 표적유전자로 선택하고 자연적인 돌연변이를 흉내 내려고 한 과학적인 이유에 대해 질문했다. 하지만 허 젠쿠이는 엉뚱하게도 아이가 HIV에 감염될 가능성이 높다는 사회적인 이유를 대답으로 꼽았다. 또한 합병증에 대해 고려했고 부모에게 충분히 설명하고 동의를 얻었다고 답변했다. 인지능력의 향상에 대해서는 반대한다고 하며 즉답을 회피했지만 슬라이드 설명을 통해 행동의 차이가 나타나지 않았다고 발표한 점으로 보아 이 문제를 인식하고 있었던 것으로 보인다.

우리는 이전의 유전체 변형 기술에 비해 크리스퍼 유전자가위에 상대적으로 많은 기대를 갖고 있는 것이 사실이지만 아직도 모르는 것이 많다. 예를 들어, 우리는 유전자를 편집하는 방법은 알고 있지만 인간의 유전체를 완전히 이해하지는 못했다는 사실은 애써 무시한다. 우리는 인간 유전체 지도를 밝혀냈으며, 약 2만 개의 유전자로 구성되어 있다는 사실을 알고 있다. 그러나 그 부분은 전체 인간 유전체의 1.2%에 불과하다. 우리는 비암호화DNA*라고 부르는 나머지 98.8%가 어떤 기능을 하는지 아직 잘 모른다. 따라서 높은 기대감을 갖고 크리스퍼 유전자가위를 사용하더라도 실질적으로 어려움에 부딪힐 것이라는 예상을 할 수 있다. 우리는 크리스퍼 유전자가위가 가장 잘 작동하는 경우와 그렇지 않은 경우를 점차 학습하게 될 것이다.[1]

현재 약 1억 명의 북유럽인들이 CCR5 유전자에서 32개의 염기가

---

* 비암호화DNA(noncoding DNA): 단백질을 만드는 데 사용되지 않는 DNA.

결실된 자연 발생 돌연변이 Δ32에 의해 HIV-1에 선천적으로 저항력을 나타낸다고 한다. 실제로 이 같은 돌연변이를 갖는 HIV 감염 환자는 에이즈에 걸리지 않는다. 그래서 CCR5를 변형시켜 HIV에 저항력을 갖게 하려는 시도가 이루어지고 있다. 이전에 스탠포드 대학교의 마이클 바식(Michael C. Bassik)은 아연손가락핵산분해효소*를 사용해 비인간 영장류의 배아를 유전체 편집하는 데 성공했지만, CCR5가 변형된 세포들의 비율이 너무 낮아서 감염을 완전히 억제하기 위해서는 항레트로바이러스요법†을 병행해야 했다.[2]

그렇다면 CCR5 유전자를 표적하여 파괴하는 것은 문제가 없을까? 메릴랜드 베데스다의 국립 알레르기감염질환연구소의 면역학자 필립 머피(Philip Murphy)는 "CCR5 변이에 대한 연구는 비교적 많이 이루어졌지만 아직도 전반적인 효과에 대한 결론을 내리기는 어렵다. 또한 소수의 사람들만이 변이를 보유하고 있기 때문에 대규모 연구를 수행하기도 어렵다. 그러나 CCR5 유전자 결핍으로 나타날 수 있는 영향은 지금까지 조사된 것보다 훨씬 더 클 것으로 보인다"라고 말했다.[3]

CCR5는 면역세포의 표면에 발현해 HIV의 통로가 되는 부정적인 역할을 맡기도 하지만 염증세포를 염증 부위로 전달해 인간 염증 반응 등에 여러 가지 긍정적인 역할을 하는 것으로 알려졌다.

---

* 아연손가락핵산분해효소(zinc finger nuclease, ZFN): 전사인자인 아연손가락 인식 부위와 FokI 제한효소(FokI restriction enzyme, 박테리아 *Flavobacterium okeanokoites*에서 첫 번째로 발견된 제한효소)로 합성한 유전자가위.

† 항레트로바이러스요법(antiretrovirus therapy): RNA를 유전 정보로 갖는 바이러스를 예방 치료하는 방법.

예를 들어, 특정 항체를 이용해 CCR5를 차단하면 사람의 파골[*] 기능이 손상되는 것으로 밝혀져 뼈의 대사에도 중요한 역할을 하는 것으로 나타났다. 또한 CCR5는 전골수성백혈병 세포주에도 나타났는데, 이는 CCR5 단백질이 과립세포[†]의 증식 및 분화에서 모종의 역할을 할 수 있음을 시사한다. CCR5는 뇌에서도 중요한 역할을 하며, 특히 HIV가 아닌 바이러스 감염 시 숙주세포 손상을 방지한다. CCR5는 여러 뇌성 바이러스가 침입했을 때 T세포를 동원하는 데 필수 역할을 하는 것으로 알려져 있다. 이에 따르면 CCR5 변형 아기들은 웨스트나일바이러스, 마우스간염바이러스, 단순포진바이러스, 인플루엔자 바이러스 등 바이러스성 질병에 취약할 수 있다. 또한 넉아웃된 CCR5를 갖는 유전자 편집 아기들은 면역 기능이 떨어져 수혈이나 장기 이식을 받을 경우 생명이 위험해질 수도 있다.[4]

정상적인 CCR5를 갖지 않는 사람은 인플루엔자와 다발성경화증에 의한 사망률이 높은 것으로 보고되었다.[5] 많은 조직에서 CCR5 유전자의 기능은 아직 완전히 밝혀지지 않은 상태다. 그러므로 이 유전자를 삭제하면 앞의 예에서 보듯 예기치 못한 결과가 발생할 수 있다. CCR5는 유전자 편집을 하기에는 매우 위험한 표적이다.[6]

동물 연구에 의하면 CCR5가 특히 학습 및 기억과 관련된 뇌 조직에도 영향을 미칠 수 있는 것 같다. CCR5Δ32 돌연변이를 갖는 생쥐는 학습능력과 기억력이 향상되는 효과를 보여, 치료를 목적으로 하

---

[*] 파골(osteoclaast): 뼈의 분해.

[†] 과립세포(granular cell): 진한 세포핵과 과립상의 풍부한 세포질을 갖는 종양세포의 일종.

는 CCR5의 넉아웃이 비의도적인 증강을 가져올 수도 있다.[7] CCR5 결실로 인해 생쥐의 인지 기능은 최대 60% 향상되었다. 캘리포니아 대학교 로스앤젤레스 분교의 알치노 실바(Alcino Silva)는 "이런 돌연변이가 아마도 쌍둥이들의 인지 기능에 영향을 미쳤을 것이라고 단순하게 해석할 수 있다"고 말했다.[8]

더구나 유전자 편집으로 만들어진 결과물은 문제가 없을까? 허젠쿠이의 발표를 실시간 팟캐스트로 지켜보던 많은 시청자 가운데 매사추세츠 의대 생화학자인 숀 라이더(Sean Ryder) 등의 전문가도 있었다. 이들은 실험 결과에 대해 트위터(#CRISPRbabies)에서 토론하며 허 젠쿠이의 실험이 너무도 허술하게 이루어졌다는 사실에 경악했다. 허 젠쿠이는 원래 CCR5Δ32 변이체를 만드는 것을 목표로 했다. 그는 크리스퍼 유전자가위로 CCR5를 절단한 다음 비상동말단접합*이라는 세포 자체의 복구 메커니즘을 사용했는데, 이 방법은 몇 개의 염기가 임의로 삽입되거나 삭제될 수 있기 때문에 오류가 많이 발생하며 실험자가 통제하기 어렵다. 따라서 유전자를 정확하게 변형하려면 유전자의 특정한 부분을 잘라 내고 이를 대체할 수 있는 유전자 가닥을 넣는 상동의존성수리† 라는 방법을 사용해야 했다. 그러나 상동의존성수리는 드물게 일어난다.

2016년 5월 중국 광저우 대학 연구팀은 크리스퍼 유전자가위를

---

* 비상동말단접합(non-homologous end joining, NHEJ): 세포가 이중가닥 절단 부위의 염기를 약간 탈락시키거나 새로운 염기를 추가하는 수리 방식. 오류가 일어날 가능성이 많다.

† 상동의존성수리(homology directed repair): 세포가 이중가닥 절단 부위에 공급된 주형 DNA 토막을 도입하는 수리 방식. 주로 잘못된 유전자를 교정하는 데 사용된다.

사용해 초기 인간 배아의 CCR5 유전자를 정확히 변형할 수 있는지를 확인하는 원리증명실험을 실시했다. 두 종류의 단일가이드RNA를 포함하는 크리스퍼 유전자가위 성분을 주입해 213개의 사람 3원핵접합체에 자연적으로 나타나는 CCR5Δ32 대립유전자를 상동의존성수리 방식으로 도입했다. 크리스퍼 유전자가위를 주입한 경우 60%가량의 접합자가 8-16세포기로 발달했다. 전체 26개 배아 중 CCR5Δ32를 포함하는 배아는 4개로 나타났다.[9] 이 상동의존성수리에 의한 인간 배아 CCR5Δ32의 수율은 1.8%에 불과하기 때문에 허 젠쿠이도 배아에 사용하지 못했을 수 있다.

허 젠쿠이가 사용한 비상동말단접합 방식으로는 당연히 자연 변이체처럼 32개의 염기를 정확하게 삭제하지 못한다. 그의 슬라이드를 분석한 과학자들은 이것과는 다른 3가지 변이가 유도된 것 같다고 지적했다. 데이터를 보면 루루의 변이체는 CCR5의 정상 대립유전자와 해독틀* 내 15염기가 삭제된 변이 대립유전자를 가진 이형접합체[†]고, 나나의 변이체는 4개의 염기가 결실된 변이 대립유전자와 1개의 염기가 삽입[‡]된 변이 대립유전자를 가진 이형접합체다《그림 1》.

허 젠쿠이는 CCR5를 망가뜨리는 돌연변이가 모두 HIV 감염을 막아 줄 것이라고 추측했다. 만들어지는 단백질과 막단백질의 구조를 생각해 보면 허 젠쿠이의 추측처럼 HIV에 대한 저항성이 쉽게 생기지 않는다는 사실을 곧 알게 된다.

---

* 해독틀(reading frame): 특정 아미노산을 지시하는 염기 순서.

† 이형접합체(heterozygote): 대립유전자의 종류가 다른 접합체.

‡ 삽입(addition): 유전자의 일부 염기가 추가되는 현상.

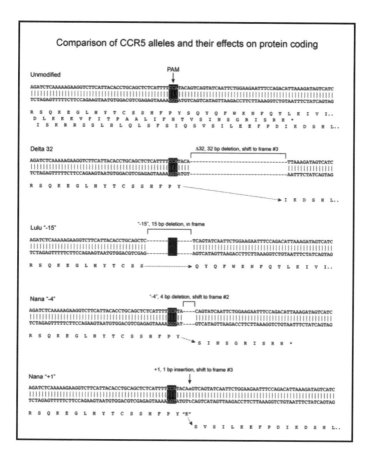

<그림 1> CCR5 대립유전자들과 이들이 단백질 암호화에 미치는 영향 비교[10]

4개의 염기가 결실되고, 1개의 염기가 삽입된 나나의 이형접합체는 해독틀 이동 돌연변이로 모두 기능이 없는 단백질을 생산할 것으로 예측된다.

이중 1개의 염기가 삽입된 돌연변이는 Δ32 변이체와 가장 유사하며, C-말단이 유사한 변이체 단백질을 만들지만 편집되지 않은 원래 단백질이나 Δ32 변이체에서 나타나지 않는 11개의 아미노산을 추가한다. 4개의 염기가 결실된 돌연변이는 해독틀이 달라져, C-말단에 다른 아미노산 서열을 갖는 보다 짧은 변이체 단백질을 만든다. 루루의 변이체에서 15개의 염기가 결실된 돌연변이는 프레임을 유지하며, 다만 HIV 결합 부위 근처의 5개 아미노산이 결실된다. 허 젠쿠이는 이 때문에 HIV의 침투가 억제될 것이라고 예측하고 있지만, 이런 사실은 사람은 말할 것도 없고 어떤 동물모델 시스템에서도 제시된 바 없다.[11]

허 젠쿠이의 생각은 타당한가? 필라델피아 스밀로우이행의학연구센터의 칼 준(Carl H. June) 등이 CD4+T 세포에서 CCR5를 편집했을 때, NOG 마우스 모델과 HIV 환자들은 체외 HIV 감염에 저항력을 갖는 것으로 나타났다. 알티우스연구소의 표도르 우르노프(Fyodor Urnov)의 분석에 따르면 이 경우에는 아연손가락핵산분해효소가 CCR5의 최초 막관통 영역을 표적해 단백질을 거의 확실히 불활성화시키는 다양한 인델을 형성하며 HIV의 막 진입을 방해했다. 이와는 대조적으로 나나의 변이체는 4개의 막관통 영역을, 그리고 루루의 변이체는 7개 모두의 막관통 영역을 유지한다(〈그림 2〉).

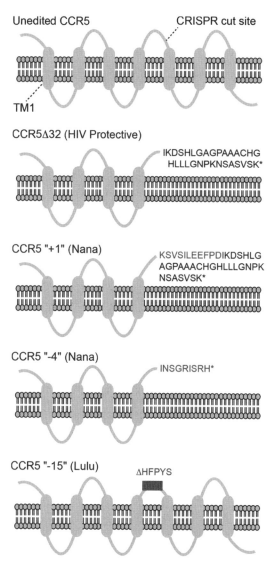

Unedited CCR5

CRISPR cut site

TM1

CCR5Δ32 (HIV Protective)

IKDSHLGAGPAAACHG
HLLLGNPKNSASVSK*

CCR5 "+1" (Nana)

KSVSILEEFPDIKDSHLG
AGPAAACHGHLLLGNPK
NSASVSK*

CCR5 "-4" (Nana)

INSGRISRH*

CCR5 "-15" (Lulu)

ΔHFPYS

<그림 2> CCR5 단백질들의 막관통 방식[12]

허 젠쿠이는 비상동말단접합에 의존하여 Δ32 돌연변이가 나타나는 위치 근처에서 부정확한 삽입과 결실을 도입했으며, 이 변형된 CCR5를 통해 HIV가 세포 내로 진입하지 못할 것으로 추정했다. 그러나 실제로 만들어진 변이체들은 모두 처음에 의도한 변이체가 아니라 전혀 새로운 변이체이기 때문에 이들이 어떤 영향을 나타낼지는 아직 알 수 없다.[13]

한편 허 젠쿠이의 연구가 치료나 연구가 아니라 증강에 포함된다고 주장하는 학자들도 있다. 중국의 저명한 생명윤리학자 츄 런종(Renzong Qiu)은 홍콩에서 열린 '제2차 인간 유전체 편집 국제 정상회담'에서 허 젠쿠이가 HIV에 면역이 되게 하려는 목적으로 건강한 배아를 대상으로 편집 실험을 했으며, 이것은 의학적 목적을 위한 유전자 증강이라며 "윤리적 정당성과 수용 가능성이 가장 낮은 행위"라고 설명했다. 현재 과학계는 전반적으로 유전자 증강에 반대하고 있고, 국가 법령이나 국제 협정도 이를 인정하고 있지 않다. 이런 관점에서 허 젠쿠이의 연구가 매우 무신경했음이 드러난다.[14]

허 젠쿠이 실험은 '미끄러운 비탈길'* 논리에 의해 더 심각한 함의를 갖는다. 일부 과학자들은 부자들이 신체적 매력, 높은 지능, 강한 힘을 갖는 유전적으로 성공할 수 있는 형질을 갖춘 디자이너 베이비를 생산하기 위해 상업적으로 유전자 치료를 이용하는 디스토피아적 미래의 시작으로 이 사건을 해석한다. 유리한 특성으로 인해 유전자 편집 아기는 경쟁자보다 더 뛰어나고 더 많은 돈을 벌 수 있을 것이

---

* 미끄러운 비탈길(slippery slope): 일단 첫걸음을 떼면 원치 않는 수준까지 미끄러져 내려가기 때문에 첫걸음을 뗄 때 신중해야 한다는 주장.

다. 이것은 소득 격차를 획기적으로 벌려 결국 유전적으로 가난한 사람들이 상상할 수 없는 정도의 억압을 받는 세상을 만들 것이다.

이 실험은 과학계에서 동료의 검토와 가치 합의에 대한 필요성을 강조할 뿐만 아니라, 또한 인간 유전공학에 부과되어야 하는 한계, 즉 질병을 치료하기 위한 시도만 해야 하는지, 아니면 인류의 이익을 위해 더 나아가도록 허용되어야 하는지에 대한 즉각적 논의의 필요성을 알려 준다. 유전공학적으로 만들어지는 슈퍼 휴먼은 모든 사람이 예상하는 것보다 더 빨리 등장할지 모른다.[15]

1) DocUnlock, "Gene edited babies and CRISPR: Beyond the hype", YouTube (2019. 12. 13.), https://toutu.be/fN4clztQRWA

2) Helen C O'Neill, Jacques Cohen, "Live births following human embryo gene editing: a call for clarity, self-control and regulation", Reproductive Biomedicine Online 38(2) (2019), 131-132.

3) David Cyranoski, "Baby gene edits could affect a range of traits", (2018. 12. 12.), https://www.nature.com/articles/d41586-018-07713-2

4) Abdul Mannan Baig, "Human genome-edited babies: First responder with concerns regarding possible neurological deficits!", ACS Chem Neurosci 19, 2019, 39-41.

5) David Cyranoski, "Baby gene edits could affect a range of trait", Nature (2018. 12. 12.), https://www.nature.com/articles/d41586-018-07713-2

6) Abdul Mannan Baig, "Human genome-edited babies: First

responder with concerns regarding possible neurological deficits!", ACS Chem Neurosci, 19(1), 2019, 39−41.

7) Milou Zhou, Stuart Greenhill, Shan Huang, Tawnie K Silva, Yoshitake Sano, Shumin Wu, Ying Cai, Yoshiko Nagaoka, Megha Sehgal, Cai DJ, Yong−Seok Lee, Kevin Fox, Alcino J Silva, "CCR5 is a suppressor for cortical plasticity and hippocampal learning and memory", eLife, 5, 2016, e20985.

8) Julia Belluz, "CRISPR babies: the Chinese government may have known more than it let on", VOX (2019. 3. 4.), https://www. vox.com/2019/3/4/18245864/chinese−scientist−crispr?fb-clid=IwAR3cSYBCLzc0J1_xd1L07ImSjWclet8T4uYsUGNkfl-l7UKw6X0d5RdSx0fU

9) Xiangjin Kang, Wenyin He, Yuling Huang, Qian Yu, Yaoyong Chen, Xingcheng Gao, Xiaofang Sun, Yong Fan, "Introducing precise genetic modifications into human 3PN embryos by CRISPR/Cas−mediated genome editing", Journal of Assisted Reproduction and Genetics, 33(5), 2016, 1−8.

10) Sean Ryder, "#CRISPRbabies: Notes on a scandal", The CRISPR Journal 1, 2018, 333−357.

11) Sean Ryder, "#CRISPRbabies: Notes on a scandal", The CRISPR Journal 1, 2018, 333−357.

12) Sean Ryder, "#CRISPRbabies: Notes on a scandal", The CRISPR Journal 1, 2018, 333−357.

13) Sean Ryder, "#CRISPRbabies: Notes on a scandal", The CRISPR Journal 1, 2018, 333-357.

14) Jing-ru Li, Simon Walker, Jing-bao Nie, Xin-qing Zhang, "Experiments that led to the first gene-edited babies. the ethical failings and the urgent need for better governance", Journal of Zhejang University-Science B, 20(1), 2019, 32-38.

15) Alicia Lukman, "Did He Jiankui go to a step too far with CRISPR-edited human embryos?", The Boar (2018. 12. 16.), https://theboar.org/2018/12/jiankui/

4

위험한 실험

매튜 포투스(MP): 자세한 발표에 감사합니다. 저는 실험 과정의 몇 가지 숫자에 대해 질문을 하고 싶습니다. 예를 들어 얼마나 많은 부부가 동의했습니까, 각 모친으로부터 얼마나 많은 난자를 얻었습니까, 또는 얼마나 많은 배아를 변형하려고 시도했습니까, 제대로 변형된 것은 어느 정도입니까, 그리고 얼마나 많은 배아를 착상하려고 했습니까, 그리고 실제로 태어난 아이는 몇 명입니까? 이 프로젝트에서 채택한 시행 방법은 무엇입니까?

HJ: 이 연구에 총 여덟 부부가 등록했습니다. 한 부부는 중도에 그만두었고 그래서 일곱 부부가 끝까지 동참했습니다.

MP: 아버지가 모두 HIV 양성이고 어머니는 모두 HIV 음성인가요?

HJ: 그렇습니다. 아버지는 모두 HIV 양성이고 어머니는 모두 HIV 음성이어야 한다는 기준이 있었습니다. 그리고 연령 기준도 있습니다. 모든 부부에게 과학자와 팀의 연구원들이 충분한 정보를 제공한 후 여러 번의 동의 절차를 거쳤고, 정상적인 시험관 수정 절차에 들어가 수정란을 수집했으며 그다음에는 Cas9 단백질을 주입했고….

MP: 죄송하지만, 일곱 부부 사이에 수정란이 몇 개나 만들어졌나요?

HJ: 총 31개의 배아를 생성했습니다.

MP: 그렇다면 31개의 배아에 주입했나요?

HJ: 그 이상이죠. 내가 말하려는 건 30개가 배반포 단계로 발달했고 그중 약 70%가 편집되었다는 것입니다.

MP: 그 70%는 양쪽의 대립유전자가 편집되었나요, 아니면 한쪽의 대립유전자만 편집되었나요? 그 30개의 배아에서 모자이크 비율은 어떻습니까? 당신은 단지 1개의 세포를 떼어 냈을 뿐이니 그

것에 대해서는 모르겠네요. 그렇다면 다른 24개 대신 이들 2개를 결정한 이유는 무엇인가요?*

HJ: 이들 부부가 첫 번째로 임신했기 때문입니다.

MP: 그 뒤에 여섯 쌍의 다른 부부에게도 나머지 배아를 이식했나요?

HJ: 현재의 상황 때문에 임상시험은 중단되었습니다.

배아의 발달에 미치는 예상치 못한 위험을 생각해 볼 때 생식세포 유전체 편집을 의도적으로 치료나 예방이라고 부르는 것은 문제가 될 수 있다. 유전체 편집이 매우 효율적으로 의도한 변화를 일으킬 수 있다는 주장은 재검토해 볼 필요가 있기 때문이다.

2015년 4월 중산 대학의 황 준쥬(Junjiu Huang)는 3원핵접합체 인간 배아에서 유전자 편집 효율을 약 25%로 보고했고,[1] 2017년 8월 오리건보건과학 대학교의 슈크라트 미탈리포프와 서울대학교의 김진수 교수 등은 신생 배아에서 이보다 높은 52.72%로 보고했다.[2] 미시건주립 대학교의 키스 래섬(Keith E. Latham) 등은 히말라야원숭이의 배아에서 편집이 가능한 효율을 80-100%로 제시하며, 이 결과를 인간 배

---

* 허 젠쿠이와 매튜 포투스가 언급하는 배아의 개수가 조금 다르고 그 수치가 명확하지 않지만, 인터뷰 내용을 그대로 해석해 실었다.

아에서 얻은 결과와 주의 깊게 비교·논의했다.[3]

첫째, 동료 동물모델에서는 효율성이 이처럼 높지만 인간 배아에서는 52%로 상대적으로 낮아 동물모델 연구로부터 인간 배아의 발달 현상을 정확하게 추론할 수 없으며, 둘째, 히말라야원숭이 접합체[*]를 사용한 동물모델에서 10% 미만의 배아만이 아기 원숭이로 태어났다고 밝혔다. 키스 래섬 등은 유산율과 발육 정지가 높다는 사실에도 주목했다. 이것은 인간 배아가 사흘 내에 배반포로 진행하는 비율이 50%에 불과하다는 슈크라트 미탈리포프와 김진수 교수의 결과에서도 확인할 수 있는 사실이다.

흔히 편집 과정은 배아 발달을 방해하지 않으며 살아남은 배아는 동일한 생존력을 나타내며 건강하게 발달한다고 가정하는데, 이는 허 젠쿠이도 연구 결과를 구두 발표하면서 주장했던 바다. 그러나 일부 과학자들은 그렇지 않다는 결과를 제시해 왔다. 배아의 생존율이 감소한다는 사실은 편집 후 살아남은 배아들이 미묘한 결함을 나타낼 수도 있다는 것을 암시한다.[4]

미국 과학·공학·의학 아카데미의 보고서는 배아가 생존하는 것과 건강한 것을 동일시하며, 이후의 발달 과정에 미칠 수도 있는 유전체 편집의 영향을 무시했다. 어떤 병원성 변이체를 건강한 변이체로 바꾸는 유전체 편집 과정에서는 사용한 시약의 흔적이 남지 않으며, 그로 인해 다른 변화가 일어나지 않을 것이라고 가정했다. 그러나 2015년 미국 국립보건원의 과학정책실은 유전체 편집과 관련된 위험성을 기술한 보고서를 발간했는데, 여기에서는 유전체 편집 기

---

[*] 접합체(zygote): 난자와 정자가 수정하여 만들어진 세포

술 사용 시 염색체 DNA가 이중가닥 절단* 내로 추가 삽입될 가능성을 제시하고 있다.[5]

이처럼 편집 과정은 생물체 전체에 매우 위험하고 예측할 수 없는 영향을 미칠 수 있다. 보스턴 대학교의 법학자 조지 안나스(George Annas)는 생식세포 변형은 결코 안전하지 않을 것이며, 어떤 경우든 자손에게 예측할 수 없는 영향을 미칠 것이라고 주장했다. 뉴욕 의과대학교의 진화생물학자 스튜어트 뉴먼(Stuart Newman)은 생식세포 변형은 신체의 모든 세포와 세포의 후속 성장 및 발달에 영향을 미치므로 생식세포 개입은 오류가 나타날 가능성이 많다고 주장했다.

동물모델에서 생식세포의 변형은 건강을 해치고, 종양 성장을 유도하며, 발달이상을 생성하는 등 여러 가지 해로운 결과를 낳는다. 스튜어트 뉴먼은 유전자들은 서로 고도로 통합되어 있고, 안정성과 균형을 이루도록 설계되었으며, 한 부위를 변형하면 생물학적 평형을 깨뜨릴 위험이 있기 때문에 "생명체를 조작할 수는 없다"고 주장했다. 광저우 의과 대학의 판 용(Yong Fan) 등은 단일 유전자의 변형이 유전체 전체에 미치는 효과를 알 수 없기 때문에 표적을 자연적으로 나타나는 대립유전자로 바꾸는 것에 대해 경고했다. 이로 인해 생물학적 합병증과 건강이 돌이킬 수 없을 정도로 악화되는 선천적 장애아가 생길 수 있다는 것이다. 이런 주장들은 대립유전자의 변형이 자연적으로 나타나는 대립유전자의 변화와 같다는 미국 과학·공학·의학 아카데미 보고서의 결론과는 상반된다.[6]

복잡하고 불확실한 생식세포 변형의 영향은 배아가 이후 특정 세

---

* 이중가닥 절단(double strand breaks): DNA의 이중 나선 가닥을 모두 절단.

포와 조직으로 자라고 발달하는 동안, 신경계·장기·뇌가 발달하는 동안, 그리고 아이가 살아가는 동안에야 드러날 수 있다는 것이다. 이 사실은 두 가지 중요한 점을 상기시킨다. 첫째, 정상으로 성장하고 발달할 것으로 예상되었던 동물모델들이 말년에 종양이 발달하는 등 발달이상 현상을 겪었다. 이것은 생식세포 변형이 예측 가능하지도 않고 즉시 관찰할 수도 없다는 점을 알려 준다. 둘째, 생식세포를 변형시키면 결과를 되돌릴 수 없기 때문에 사소한 실수도 용납되지 않는다. 즉 잘못된 실험으로 만들어진 생식세포로 인해 건강상 결함으로 고통 받는다면 어떻게 해야 할까? "우리는 확률상 병들고 기형이 될 배아를 만들지는 않을 것이다"라는 인지학자 스티븐 핑커(Steven Pinker)의 장담에도 불구하고, 이런 실험으로 피해를 입을 미래의 사람들은 이런 허튼 약속으로는 진정되지 않을 것이다.[7]

매튜 포투스는 또한 모자이크현상에 대해 질문했다. 이는 생식세포 변형에서 일반적으로 나타나며, 생물체를 구성하는 세포 중 제대로 변형된 세포와 변형되지 않은 세포가 뒤섞이는 현상이다. 이 경우에는 의도했던 편집의 목적이 이루어지지 않을 수 있다.[8]

사실 허 젠쿠이의 실험이 이루어지기 전에도 인간 배아를 편집할 때 일어나는 모자이크현상은 고질적인 문제였다. 미국 과학·공학·의학 아카데미 보고서에 따르면, 접합체 또는 초기 배아에서 유전체를 편집하면 일부 세포가 의도된 대로 변형되지 않을 가능성이 있다. 동물모델에서 수행한 연구에 따르면, 세포 분열의 서로 다른 단계에서 편집이 이루어지거나 분할 후 세포에 남아 편집 활성을 나타낼 수 있기 때문에 유전자 모자이크현상이 실제로 나타난다.[9] 초기 인간 배아를 이용한 연구에서도 모자이크현상을 나타내는 세포의 비율은 제대로 편집된 세포의 비율보다 높았다.[10] 2015년 4월 최초로 인간 배아의 유전체를 편집했을 때, 의도한 대로 편집이 일어난 배아 4개에서 모두 모자이크현상이 일어났다.[11] 두 번째 배아 유전체 편집 실험에서도, 편집이 이루어진 배아 4개 중 3개에서 모자이크현상이 발견되었으며,[12] 세 번째 배아 유전체 편집 실험에서도 4개 배아 중 3개는 편집이 이루어지지 않았고 1개의 배아는 모자이크현상을 나타냈다.[13] 이상의 실험에서는 유전자 편집이 이루어지기 전에 수정란이 갈라진 잉여 배아를 사용했기 때문으로 생각된다. 네 번째 실험에서는 수정란을 생성하는 동시에 편집 도구를 주입한 결과 모자이크현상이 나타나지 않았다.[14]

허 젠쿠이의 실험에서 만약 유전체 편집이 이루어지기 전에 수정란이 갈라지기 시작했다면, 쌍둥이 소녀들은 유전체가 변형된 세포와 변형되지 않은 세포가 뒤섞이게 될 것이다. 허 젠쿠이의 설명으로는 그 세포들이 분열했는지 안 했는지 분명하지가 않다.

허 젠쿠이는 태반과 탯줄혈액, 조직에 대한 테스트 결과 두 쌍둥이의 표본에서 정확히 동일한 돌연변이가 나타났다고 슬라이드를 통해 밝혔다. 그러나 AP 통신 팀을 위해 허 젠쿠이의 예비 원고를 검토한 미국 펜실베이니아 대학교 페렐만 의과대학 심장학자 겸 유전학자 키란 무슈누루(Kiran Musunuru)는 자신이 본 데이터에서 배아에서는 표적이탈현상이 나타났지만 태반에서는 나타나지 않아 모자이크현상이 나타났을 가능성을 지적했다.[15]

허 젠쿠이의 실험에서 모자이크현상은 두 가지 이유로 문제가 된다. 첫째, 만약 배아가 모자이크라면 몇 개의 세포를 떼어 내 조사하더라도 배아의 건강과 상태를 충분히 확인할 수 없다. 둘째, 만약 면역세포가 편집되지 않은 세포로부터 발달한다면 온전한 CCR5 유전자를 가질 것이기 때문에 여전히 HIV에 감염될 수 있다.

오스트레일리아 국립 대학교의 개탄 버지오(Gaetan Burgio)는 모자이크현상이 의심되는데도 허 젠쿠이가 착상을 강행한 데 놀랐다고 말했다.[16]

우리는 쌍둥이 중 루루가 HIV 감염에 무방비 상태라고 예측할 수 있다. 그녀는 두 개의 CCR5 대립유전자 중 한 복사본에서 15개의 DNA 문자가 길게 삭제되었는데, 그 결과 아미노산이 5개 단축되었을 뿐 단백질의 나머지 부분은 원래의 CCR5 단백질과 같았다. 그리고 다른 복사본은 전혀 편집되지 않았다. 이에 대해 데이비드 류는 "돌연변이가 수용체를 무력화시켜 HIV 감염을 막을 정도로 심각한지는 분명하지 않다"고 말했다.[17]

왜 루루의 배아를 이식했는지 의문을 제기했지만 허 젠쿠이는 배아가 모자이크현상을 나타낸다는 충분한 정보를 부모에게 알려 주었고 부모들이 이 배아를 이식하기로 결정했다고 말했다.[18]

모자이크현상은 아이의 장래 건강이나 건강을 예측할 수 있는 능력에 여러 영향을 미친다. 과학자들은 더 개선된 기술을 통해 모자이크현상을 피할 수 있다고 장담하지만 이런 약속은 지켜지기 어렵다. 첫째, 모자이크현상의 결과는 모자이크 세포가 존재하는 조직의 종류에 따라 달라지며, 둘째, 돌연변이율도 서로 다른 조직에 따라 다를 수 있기 때문이다. 초기에 모자이크현상이 발생할수록, 그리고 모자이크현상이 확산될수록 건강에 더 심각한 영향을 미친다. 체세포에서 모자이크현상이 발생하면 심각한 구조적 이상, 유전성 장애, 노화와 관련된 세포와 조직의 퇴화, 죽음을 초래할 수 있다. 중요한 것은 모자이크현상에 대한 초기 실험으로는 미래의 건강에 대해 효율적인 예측을 할 수 없다는 점이다. 그것이 어떻게 발달할 것인지 밝힐 수도 없고, 세포의 후속 분열을 통해 모자이크현상이 발생할 것인지 여부를 밝힐 수도 없기 때문이다. 현재 과학자들은 배아의 상태를 평가하기 위해 착상전 유전자 진단을 사용하지만, 유전자가 편집되어도 온전히 인간으로 발달하는지 여러 세대에 걸쳐 그 영향을 관찰하지 않고는 생물체의 성장과 발달을 효과적으로 예측할 수 없다. 1개의 세포로 착상전 유전자 진단을 하면 배아의 나머지 세포가 어떤지 제대로 알 수 없으며, 너무 많은 세포를 샘플링하면 배아에 구조적 손상을 초래할 수 있기 때문에, 배아를 선별하기 위해 착상전 유전자 진단을 사용한다 해도 현재 모자이크현상의 비율을 효과적으로 평가할 수 없다. 착상전 유전자 진단으로 하나의 세포를 검사해 모자이크현상이 나타나지 않았다고 할 수는 있지만, 배아의 다른 세포들이 모자이크현상을 나타내고 앞으로 어떻게 발달할 것인지는 정확하게 예측할 수 없다.[19]

1) Puping Liang, Yanwen Xu, Xiya Zhang, Chenhui Ding, Rui Huang, Zhen Zhang, Jie Lv, Xiaowei Xie, Yuxi Chen, Yujing Li, Ying Sun, Yaofu Bai, Zhou Songyang, Wenbin Ma, Canquan Zhou, Junjiu Huang, "CRISPR−Cas9−mediated gene editing in human tripronuclear zygotes", Protein Cell 6(5), 2015, 363−372.

2) Hong Ma, Nuria Marti-Gutierrez, Sang-Wook Park, Jun Wu, Yeonmi Lee, Keiichiro Suzuki, Amy Koski, Dongmei Ji, Tomonari Hayama, Riffat Ahmed, Hayley Darby, Crystal Van Dyken, Ying Li, Eunju Kang, A. Reum Park, Daesik Kim, Sang-Tae Kim, Jianhui Gong, Ying Gu, Xun Xu, David Battaglia, Sacha A. Krieg, David M. Lee, Diana H. Wu, Don P. Wolf, Stephen B. Heitner, Juan Carlos Izpisua Belmonte, Paula Amato, Jin-Soo Kim, Sanjiv Kaul, Shoukhrat Mitalipov, "Correction of a pathogenic gene mutation in human embryos", Nature 548(7668),

2017, 413−419.

3) Uros Midic, Pei-Hsuan Hung, Kailey A. Vincent, Benjamin Goheen, Patrick G. Schupp, Diane D. Chen, Daniel E. Bauer, Catherine A. VandeVoort, Keith E. Latham, "Quantitative assessment of timing, efficiency, specificity and gentic mosaicism of CRISPR/Cas9−mediated gene editing of hemoglobin beta gene in rhesus monkey embryos", Human Molecular Genetics 26(14,15), 2017, 2678−2689.

4) Katherine Drabiak, "Untangling the promises of human genome editing", Journal of Law. Medicine & Ethics 46, 2018, 991−1009.

5) National Academies of Sciences, Engineering and Medicine, "Mitochondrial Replacement Techniques: Ethical, Social, and Policy Considerations" (Washington D.C.: National Academic Press, 2016), 94−95.

6) Katherine Drabiak, "Untangling the promises of human genome editing", Journal of Law. Medicine & Ethics 46, 2018, 991−1009.

7) Katherine Drabiak, "Untangling the promises of human genome editing", Journal of Law. Medicine & Ethics 46, 2018, 991−1009.

8) Amit Katwala, "China claims to have created gene-edited babies. What happens next?", WIRED (2018. 11. 27.), https://www.

wired.co.uk/article/china-crispr-genetically-modified-babies-hiv

9) National Academies of Sciences, Engineering, and Medicine, "Human Genome Editing: Science, Ethics, and Governance" (Washington D.C. : National Academic Press, 2017).

10) Katherine Drabiak, "Untangling the promises of human genome editing", Journal of Law. Medicine & Ethics 46, 2018, 991-1009.

11) Puping Liang, Yanwen Xu, Xiya Zhang, Chenhui Ding, Rui Huang, Zhen Zhang, Jie Lv, Xiaowei Xie, Yuxi Chen, Yujing Li, Ying Sun, Yaofu Bai, Zhou Songyang, Wenbin Ma, Canquan Zhou, Junjiu Huang. "CRISPR-Cas9-mediated gene editing in human tripronuclear zygotes", Protein Cell 6(5), 2015, 363-372.

12) Xiangjin Kang, Wenyin He, Yuling Huang, Qian Yu, Yaoyong Chen, Xingcheng Gao, Xiaofang Sun, Yong Fan, "Introducing precise genetic modifications into human 3PN embryos by CRISPR/Cas-mediated genome editing", Journal of Assisted Reproduction and Genetics 33(5), 2016, 581-588.

13) Lichun Tang, Yanting Zeng, Hongzi Du, Mengmeng Gong, Jin Peng, Buxi Zhang, Ming Lei, Fang Zhao, Weihua Wang, Xiaowei Li, Jianqiao Liu, "CRISPR/Cas9-mediated gene editing in human zygotes using Cas9 protein", Molecular Genetics and

Genomics 292(3), 2017, 525−533.

14) Katherine Drabiak, "Untangling the promises of human genome editing", Journal of Law. Medicine & Ethics 46, 2018, 991−1009.

15) Lila Tulin, "What's new and what's not in the reported birth of the CRISPR babies", Smithonian.com (2018. 12. 3.), https://www.smithsonianmag.com/science−nature/whats−new−whats−not−reported−birth−crispr−babies−180970935/

16) Sharon Begley, Andrew Joseph, "The CRISPR shocker: How genome−editing scientist He Jiankui rose from obscurity to stun the world", STAT (2018. 12. 17.), https://www.statnews.com/2018/12/17/crispr−shocker−genome−editing−scientist−he−jiankui/

17) Sharon Begley, "Amid uproar Chinese scientist defends creating gene−edited babies", STAT (2018. 11. 28.), https://www.statnews.com/2018/11/28/chinese−scientist−defends−creating−gene−edited−babies/

18) Michael LePage, "CRISPR babies − more details on the experiment that shock the world", New Scientist (2018. 11. 28.), https://www.newscientist.com/article/2186911−crispr−babies−more−details−on−the−experiment−that−shocked−the−world/

19) Katherine Drabiak, "Untangling the promises of human genome editing",

nome editing", Journal of Law. Medicine & Ethics 46, 2018, 991-1009.

5

의심스러운 절차

MP: 나는 생각이 다릅니다. 음… 나는 미국에서 왔습니다. 그래서 동의 과정에 익숙한 편입니다. 난 당신이 어떤 심의 과정을 거쳤는지, 임상시험 계획의 피드백을 받기 위해 지도교수나 멘토 또는 다른 사람들과 논의했는지 알지 못합니다. 이 임상시험을 디자인하는 데 관여한 팀의 범위를 알려 주십시오.

HJ: 초기 전임상 연구 때부터 나는 먼저 몇 명의 과학자 및 의사와 함께 CCR5가 추천할 만한 것인지 논의했고, 2017년 뉴욕의 콜드 스프링하버회의와 전임상유전자편집컨퍼런스에서 발표한 초기 전임상 연구에 대해 이야기를 나눴습니다. 이 자리에도 그 컨퍼런스에 참석했던 분이 몇 분 있습니다. 그렇게 나는 긍정적인 피드백과 비판적인 피드백을 받았습니다. 그리고 나는 과학자뿐 아니라 내가 몇 번 언급한 대로 스탠포드의 윌리엄 헐버트(William Hurlbut)와 같은 미국의 최고 윤리학자와도 대화를 계속했습니다. 또 의과학자를 방문해 상당히 좋은 데이터라는 인정을 받았고, 미국 국립보건원의 예를 참조해 고지동의서를 작성한 후 미국 교수의 검토를 받아 고지동의 과정을 거쳤습니다. 이에 따라 임상시험을 시작했고, 임신이 되었을 때 이 정보를 다시 한 번 검토했습니다. 계획에 따라 장기 추적 시험의 동의를 위해서는 후속 부록 자료를 마련했습니다. 그리고….

MP: 그것을 살펴보죠. 고지동의서를 가족에게 설명하기 전 얼마나 많은 사람들이 읽었습니까? 얼마나 많은 사람들이 고지동의서를 검토하고 그것을 적절하다고 생각했습니까?

HJ: 우리 팀 외에도 약 네 명이 있었고… 이 부부들에게 고지동의를 받을 당시 미국 교수와 중국 과학아카데미의 중국인 교수가 옵서버로 참여했습니다. 그 과정은 녹음되었고요.

RLB: 고지동의에 대해 연구와 독립적인 사람이 환자와 얘기했나요, 아니면 당신이나 당신 팀이 그 과정에 직접 참여했나요?

HJ: 처음에 팀원 중 한 사람이 자원자들과 이야기하러 갔었고, 약 한 달 후 자원자들이 선전에 왔을 때 내가 직접 두 명의 다른 교수와 함께 10분 정도 고지동의서에 대해 설명했습니다.

RLB: 당신이 직접 관여했습니까?

HJ: 직접 관여했습니다. 한 달 후 환자의 데이터에서 얻은 표적이 탈 크리스퍼 결과들을 그들에게 실제로 보여 주었기 때문입니다.

MP: 그보다 먼저 한 가지 질문이 더 있습니다. 이 부부들을 어떻게 당신의 연구에 참여시켰습니까? 개인적인 관계였습니까, 당신 연구소에서 공고를 냈습니까? 어떻게 이 특정 부부들을 모집했나요?

HJ: HIV와 AIDS 자원 단체가 모집했습니다.

매튜 포투스는 허 젠쿠이가 동의서를 제대로 작성하고 연구 참여자들로부터 적법한 과정을 거쳐 동의를 받았는지 알고 싶어 했다. 다른 사람들의 질문도 대부분 허 젠쿠이가 시험에 참여한 부모들에게 충분한 정보를 제공하고 동의를 얻었는지 하는 과정에 초점이 맞춰졌다.

연구 참여와 관련된 동의인 고지동의는 환자나 연구 참여자의 자율 의사에 따른 행위이며, 일정한 규칙이나 기준에 따라 이루어져야 한다. 동의를 개념으로 분석할 때 생각할 수 있는 기본 요소는 공개,

이해, 자발성, 행위능력, 동의 등 다섯 가지다. 이 다섯 가지 구성 요소를 실제 동의라는 행동으로 바꾸어 보면 각 구성 요소가 다음과 같이 작용함을 알 수 있다. 임상시험에 참여하기 전 동의 예정자는 동의의 대상인 연구 행위에 대해 충분한 정보를 전달받는다. 동의 예정자는 공개된 정보를 충분히 이해하고 있다. 동의 예정자는 자발적으로 동의 행위를 수행하고 그럴 능력이 있다. 동의 예정자가 동의의 대상인 연구 행위에 동의한다.

임상시험 전 연구 참여자에게 동의를 구하는 절차는 단순히 동의서를 작성하는 행위가 아니라 연구를 진행하는 한 과정이며 또한 법적 행위이기도 하다. 때문에 주의를 기울여야 하는 절차다.

임상시험에서의 동의는 '고지동의'를 뜻한다. 따라서 연구 참여자는 연구자가 제공하는 설명을 충분히 이해할 수 있어야 한다. 그러므로 동의서는 일반인이 이해하기 쉬운 평이한 용어를 사용해야 하며 어려운 의학 전문 용어는 보다 쉽게 설명하도록 규정한다. 동의서 작성과 이를 연구 참여자에게 설명하는 주요한 사항들을 살펴보면 다음과 같다.

- 첫째, 동의서는 단지 법적으로 필요한 서류가 아니라 연구 참여자의 교육과 이해를 위한 도구로 작용할 수 있도록 작성한다.
- 둘째, 연구 참여자가 연구에 참여함으로써 겪게 될 일련의 과정을 경험적으로 기술한다. 연구 참여자가 참여하는 연구의 개요나 목적, 그리고 예상 가능한 이익과 위험성 등을 설명한다.
- 셋째, 연구 참여자가 연구에 참여하지 않았을 경우 선택할 수 있

는 진료의 절차나 방법을 설명하여 연구 참여자가 충분한 정보를 가지고 선택할 수 있도록 한다.

- 넷째, 연구와 관련해 취득하게 되는 연구 참여자의 개인 정보를 비밀로 관리·유지해 보호한다는 사실을 설명한다.
- 다섯째, 임상시험에 참여하면서 입을 수 있는 신체적 피해에 대한 보상과 그 절차를 설명한다.
- 여섯째, 연구가 진행되면서 궁금한 사항이나 의학적 도움이 필요할 때 연락 가능한 사람의 연락처를 명기한다.
- 마지막으로 연구 참여자는 자발적 동의에 의해 연구에 참여하고 언제든 연구 참여 동의를 철회할 수 있으며, 이로 인한 어떤 불이익도 받지 않는다는 사실을 설명한다.[1]

이처럼 올바른 동의서의 작성은 동의 과정에서 아주 중요한 부분이다. 허 젠쿠이의 발표는 과학적·도덕적·윤리적 우려를 진정시키는 데 아무 도움이 되지 못했다. 허 젠쿠이가 임상시험을 하기 전에 작성한 동의서는 전문가들의 자문을 충분히 받지 못했으며, 그의 말에 따르면 연구에 참여한 여덟 쌍의 부부에게 동의를 요청한 사전동의서는 네 명의 주변 인물만 검토한 것으로 드러났다. 또한 동의를 받는 과정에 참여한 사람도 너무 적었고 그마저도 서로 영향을 미칠 수 있는 이들이었다. 이것은 놀라운 일이다. 실제로 이들은 임상시험에 직접 참여하는 시험 책임자나 담당자로 드러났다. 허 젠쿠이는 자신이 직접 부부들에게 동의를 얻었다고 실토했고,[2] 나중에는 라이스 대학교의 박사과정 지도교수였던 마이클 딤(Michael Deem)도 허 젠쿠이와 함께 동의 과정에 참여했다는 사실이 알려졌다. 이것은 임상시험 책임자나 담당자는 연구 참여자의 임상시험 참여 또는 참여의 지속을 강요하거나 부당한 영향을 끼칠 수 있기 때문에 원칙적으로 동의 과정에 참여해서는 안 된다는 표준 관행에 어긋난다. 이들은 모두 훈련을 받은 전문가가 아니라 동의 절차에 대한 임상시험 경험이 없는 물리학자다.[3] 허 젠쿠이와 마이클 딤은 아마도 윤리적인 훈련이 부족했기 때문에 스스로 삼가지 못한 것 같다. 이들은 동의를 얻는 과정에서 자신들이 자원봉사를 했다는 사실이 자신들의 연구를 정당화한다고 생각했지만, 실은 연구 참여자를 불필요하고 불합리한 위험으로부터 보호해야 하는 의무를 망각했음을 암시한다.[4] 또한 허 젠쿠이는 비밀리에 연구를 수행했기 때문에 임상 절차를 수행하는 최선의 방법에 대해 충분한 조언을 듣지 못했던 것이 분명하다. 허 젠쿠이는 자신이 하는 연구와 부모의 동의를 얻는 방법에 관한 윤리에 대해 잘 알고 있다고 자부한 것 같다. 심지어 그는 인간 배아 유전자 편집의 윤리 원칙에 관한 논문을 발표하기까지 했었다.

로빈 러벨배지는 후에 CNN과의 인터뷰에서 "환자에게 동의를 얻는 과정에 그가 직접 개입했다는 사실은 커다란 문제다. 그래서는 안 된다. 독립적인 제3자가 위험성과 이익을 적절하게 설명해야 한다"고 비판했다.[5]

참여자 모집은 중국의 에이즈 환자 지원 단체인 바이후아린을 통해 이루어졌다. 보도에 따르면 바이후아(Bai Hua)라는 가명의 설립자가 허 젠쿠이의 임상시험을 위해 연구팀에 50가정을 소개했다고 한다. 그러나 허 젠쿠이의 연구가 광범위한 비난을 받게 되자 바이후아

자신도 허 젠쿠이에게 속았으며 그에게 참여자들을 소개해 준 것을 후회한다는 입장을 블로그에 발표했다.[6]

HIV에 감염된 취약한 사람들을 연구 참여자로 모집할 때 유의할 점도 있었다. 비판적 시각에서 보면 허 젠쿠이는 홍보요원을 채용해 세계 무대에 효과적으로 데뷔할 방법을 찾고 유튜브 동영상을 통해 자신의 연구를 발표하며 연구 참여자로 HIV 양성자를 선택하는 것에 이르기까지 언론 매체를 지향하는 속물적 과학자에 불과했다. HIV에 감염될지도 모르는 운명으로부터 무고한 아기들을 구하는 영웅이란 이미지를 만들어 냄으로써 그는 "우생학을 당연시하는 중국인의 상식에 바탕을 둔 쇼를 펼친 것"이라는 비난을 받았다.

허 젠쿠이는 자신의 불량한 수술이 신의 선물이라고 믿었는지도 모른다. 즉 연구에 참여한 부부들은 자신의 아이를 가질 수 있을 뿐만 아니라 자손들을 그들이 겪은 불행한 삶으로부터 탈출시킬 기회를 가질 수 있었다. 이 아이들의 희생을 바탕으로 허 젠쿠이는 신분 상승을 꾀했을지도 모른다. 중국을 지배하는 능력주의로 인해 장애와 질병으로 낙인찍힌 집단은 허 젠쿠이와 같이 명성에 굶주린 포식자들의 손쉬운 먹잇감이 되기 마련이었다. 허 젠쿠이는 "내가 이것을 하지 않았더라도 다른 누군가가 했을 것이다"라고 말했다. 그의 말은 일리가 있다. 중국의 과학계에는 자신의 이익을 위해 공민권이 박탈된 이 집단의 사람들을 착취하려는 이들이 더 많을 것 같다. 허 젠쿠이의 이야기는 비슷한 상황에 처해 있는 사람들의 본보기가 될 것이다.[7]

중국인들은 생의학을 아주 긍정적으로 본다. 생의학을 발전시킨 사람은 중국에서 거의 영웅적인 지위를 가질 수 있다. 유전자 변형에 대한 허 젠쿠이의 주장은 이 모델에 들어맞는다. 허 젠쿠이는 자신의 유전자 편집을 쌍둥이 소녀의 생명을 구하고 HIV 환자에 대한 차별을 없애기 위한 과감한 조치로 표현했다. 그의 무모한 실험은 도박을 통해서라도 성공을 추구하겠다는 태도의 결과인 것 같다. 허 젠쿠이는 유튜브 동영상을 통해 연구 결과를 공개함으로써 스스로 자신의 행동 동기가 개인적인 영향력 확장과 공명심 그리고 행운을 추구하는 데 있음을 암시했다. 그의 유전자 편집은 중국 정부가 약탈적인 개인과 기업들로부터 취약한 시민들, 이 경우에는 아직 태어나지 않은 아이들을 보호하지 못했다는 사실을 드러낸다.[8]

1) 최병인, "생명과학 연구윤리", (지코사이언스, 2009), 123-126쪽.

2) National Academies of Science, Engineering and Medicine, op. cit..

3) Marilynn Marchione, "Chinese researcher claims birth of first gene-edited babies: two girls" STAT (2018. 11. 25.), https://www.statnews.com/2018/11/25/china-first-gene-edited-babies-born/

4) Jing-ru Li, Simon Walker, Jing-bao Nie, Xin-qing Zhang, "Experiments that led to the first gene-edited babies: the ethical failings and the urgent need for better governance", Journal of Zhejiang University-Science B, 20(1), 2019, 32-38.

5) Helen Regan, Rebecca Wright, Alexandra Field, "Chinese gene-editing scientist defends his research, raises possibility of third baby", CNN (2018. 11. 29.)

6) Eva Xiao, "China AIDS group 'really regrets' role in gene-edit-

ing", Phys Org (2018. 11. 30), https://phys.org/news/2018-11-china-aids-group-role-gene-editing.html

7) Frankie Huang, "Letter: How China's Penchant for Eugenics led to CRISPR babies", Caixin (2018. 12. 12.), https://www.caixin-global.com/2018-12-17/letter-how-chinas-penchant-for-eugenics-led-to-crispr-babies-101360013.html

8) Hallam Stevens, "China's win-at-all-costs approach suggests it will follow its own dangerous path in biomedicine", The Conversation (2018. 12. 17.), https://theconversation.com/chinas-win-at-all-costs-approach-suggests-it-will-follow-its-own-dangerous-path-in-biomedicine-108658

6

투명성과 비밀주의

RLB: 이제는 우리가 질문을 받아야 할 시간입니다. 하지만 데이비드 볼티모어(David Baltimore)가 먼저 짧게 이야기하고 싶어 합니다. 가능한가요? 그리고 질문을 받을 때, 줄을 서 있는 일반 참여자들에게 받을 것입니다. 또 언론의 질문도 받을 것인데, 질문이 많고, 그 질문 중에는 같은 질문도 많을 것입니다. 나는 누가 그 질문을 했는지 말하지 않을 것입니다. 왜냐하면 질문들이 같기 때문입니다. 그리고 허 젠쿠이 박사가 앞서 이야기하는 중에 사실상 여러 질문에 대해 답변을 했습니다. 그래서 그런 질문들은 다루지 않겠습니다. 선정을 잘 해야겠지요. 먼저 데이비드….

데이비드 볼티모어: 이 자리에 참석해 답변하고 있는 허 젠쿠이 박

사에게 감사합니다. 나는 기본적으로 개방적인 이 광범위한 사회적 합의 과정에서 안전성 문제가 다루어지지 않고는, 그리고 그것이 다루어질 때까지는 임상시험이 진행되지 말아야 한다고 생각합니다. 그것은 무책임한 일입니다. 생식세포 편집을 임상에 사용하는 것은 무책임하다는 생각, 지난 회의 말미에 발표한 성명을 여전히 생각하고 있습니다. 생식세포를 편집하고, 그 아이들이 태어난 후에야 그것을 알게 된 것은 투명한 과정이었다고 생각하지 않습니다. 개인적으로 나는 우리가 어떤 사람을 HIV 감염으로부터 어느 정도 보호하는 것이 오늘 앞서 논의했던 질병을 치료하는 것보다 훨씬 절박하고 의학적으로 필요한 선택이었다고 생각하지 않습니다. 나는 투명성의 부족 때문에 과학계가 자기 규제에 실패했다고 생각합니다. 이것은 전적으로 내 개인적인 생각입니다. 이 회의의 조직위원회는 내일 만나서 성명서를 발표할 예정이고요.

제2차 인간 유전체 편집 국제 정상회담의 조직위원장이기도 한 캘리포니아 공과대학의 데이비드 볼티모어는 투명성의 부족 때문에 자기 규제가 실패했다고 자인했다. 투명성의 부족이 정확히 무엇을 뜻하는지는 알 수 없지만 "생식세포를 편집하고, 그 아이들이 태어난 후에야 그것을 알게 [되었다]"는 말은 실험의 전 과정이 비밀에 부쳐졌다는 것을 지적했다고 볼 수 있다. 허 젠쿠이는 연구의 시작부터 끝까지 비밀주의로 일관했다. 그동안 넌지시 접촉해 온 윤리학자나 과학자 들의 반응을 보고 나서 그는 아마도 임상을 목적으로 하는 인간 배아의 유전체 편집 계획을 밝히면 일을 아예 시작조차 못할지도 모른다고 생각했을 수 있다. 그러나 결과적으로 그의 비밀주의적 태도로 인해 연구의 윤리적·과학적 토대는 부실해졌다.[1]

허 젠쿠이는 인간 유전체 편집 국제 정상회담에서 발표하기 전, "이 연구가 수행되는지를 알지 못했지만 우리 대학에도 감사를 드린다"라고 말했다. 그가 휴직 중인 남방과기대학은 그의 유전자 편집 아기 출생 주장에 깊은 충격을 받고 즉시 "①이 연구는 캠퍼스 밖에서 수행되었고, 대학이나 부서에 보고되지 않았다. 대학과 학과는 그 연구 프로젝트와 내용을 알지 못한다. ②남방과기대학 생물학과 교육위원회는 크리스퍼 유전자가위를 이용해 인간 배아를 편집하려 한 허 젠쿠이 박사의 행동이 학문적 윤리와 행동강령을 심각하게 위반했다고 믿는다. ③남방과기대학에서 시행된 모든 연구는 법률과 규정을 준수하고 국제 학술 윤리 및 행동 강령과 부합해야 한다. 대학은 국제 전문가로 구성된 독립된 위원회를 조직해 이번 사건을 조사하고 그 결과를 대중에게 공개할 것"이라는 예비 성명을 발표했다.[2]

동의서의 자세한 내용은 사전에 기관윤리심의위원회의 승인을 받아야 했지만 허 젠쿠이는 동의서의 내용을 윤리심의신청서에 첨부하지 않았다. 윤리심의신청서에는 임상시험 의뢰자로 사전에 알지 못했다는 남방과기대학을 포함시켰고 승인 기관으로 병원을 표시하여, 임상시험의 계획이나 승인 과정에 대해 전혀 알지 못했다는 병원과 대학의 주장과 어긋난다. 허 젠쿠이가 인간을 대상으로 하는 실험을 하기 전 임상 계획에 대한 감독이나 정밀 조사는 걱정스러울 정도로 부족했고, 그 과정 내내 투명성 또한 부족했다. 이미 물의를 일으켰던 줄기세포 연구나 재생의학 분야와 마찬가지로 명성과 특허, 자본이 걸린 이 분야도 전 세계적인 경쟁이 치열하고 규칙을 지켜도 유리할 것 없다는 생각이 팽배했던 것 같다.[3] 환자 모집과 동의 과정에서 참여자들이 임상시험의 목적과 잠재적 위험성 및 이익을 완전히 이해했는지 여부는 불투명하다.

또한 허 젠쿠이의 연구윤리 심의 과정에도 몇 가지 절차상 문제가 있었다. 첫째, 그는 인간 배아 연구를 하기 위한 기초 자료인 쥐와 원숭이에 대한 전임상 연구의 상세한 과학적 증거를 기관윤리심의위원회에 제출하지 않았다. 중국의 규정에 의하면 이런 정보는 윤리 심사를 신청할 때 필수로 제출해야 하는 사항이다. 둘째, 허 젠쿠이는 승인을 받기 전부터 임상시험을 시작했는데, 이는 기관윤리심의위원회의 윤리적 승인이 있을 때에만 연구가 진행되어야 한다는 "인간 대상을 포함하는 생물의학적 연구를 위한 윤리심의 방안" 제24조를 위반하는 것이다. 셋째, 허 젠쿠이는 자신의 연구를 임상시험등록부에 등록하지 않았다. 이는 연구 프로젝트 책임자가 임상시험을 시작하기 전에 기관윤리심의위원회의 주요 결정 내용을 등록해야 한다는 규제 요건을 위반하는 것이다.[4] 분명한 것은 허 젠쿠이가 자신이 하고 있는 일에 대해 투명하지 않았고, 정부와 소속 기관이 모르게 자신의 연구를 은폐했을 가능성이 있다는 것이다.[5]

허 젠쿠이가 어떤 기관이나 병원에서 이 일을 수행했는지 아직 확실하지 않고, 참여자들이 잠재적 위험에 대해 제대로 알고 있었는지도 불분명하다.[6] 동의 절차는 소수의 내부자만이 의견을 내는 방식으로 이루어졌고, 연구 승인은 소속 대학이 아니라 아직 정식 인가를 받지 못한 외부 사립 병원의 기관윤리심의위원회의 심사를 받았다. 그리고 심지어 그 병원의 기관윤리심의위원회는 심의한 사실조차 부인하고 있다.

만일 허 젠쿠이의 말이 맞다고 해도 그는 이 연구와 관련된 병원이 아닌 다른 곳의 기관윤리심의위원회에서 윤리적 자문을 구한 것이다. 허 젠쿠이는 자신의 연구나 임신을 시도하기 위해 배아를 제공한 네 개의 병원에 속하지 않은 선전의 허메이 여성아동병원으로부터 자신의 프로젝트에 대한 승인을 받았다고 했다. 허 젠쿠이는 예비 부모를 직접 돕는 의료진에게 이 연구가 유전자 편집과 관련이 있다는 것을 전혀 알려 주지 않았다.

허 젠쿠이의 연구에 참여해 직접 정자를 세척했고 몇 번의 임신을 시도할 때 유전자 편집 도구를 주사한 배아학자 친 진저우(Jinzhou Qin)에 따르면, 그들은 배아를 조작하는 것이 아니라 유전체 지도를 만들기 위해 통상적인 시험관 수정 연구를 돕고 있다고 믿었다. 병원의 다른 직원들은 이 연구의 성격에 대해 전혀 몰랐는데, 허 젠쿠이와 마이클 딤은 일부 불임치료 의사들이 에이즈 양성 부부를 돕는 데 동의하지 않을 수도 있기 때문에, 일부 참여자가 HIV에 감염되었다는 사실을 숨기기 위해 의료진에게 유전자 편집에 관한 정보를 알려주지 않았다고 말했다.[7]

뉴질랜드 오타고 대학교의 생명윤리학자 니에 징바오(Jing-Bao Nie)는 중국에서도 연구 참여자를 속이거나 편법을 사용하는 것은 표준 관행이 아니며, 그것은 광범위한 고지동의 정신을 침해하는 것이라

고 주장했다.[8]

심지어 허 젠쿠이는 아이들이 태어난 후인 2018년 11월 8일에야 임상시험등록부에 시험 내용을 기재했다.[9] 실험 표적으로 삼은 유전자 및 실험에 사용한 방법도 제한적으로 선택되었고, 기존의 연구 결과도 충분히 검토되지 못했다. 허 젠쿠이는 동료 심사를 통해 자신의 연구를 개선할 수 있는 기회를 스스로 저버렸다.

이 사실은 허 젠쿠이의 실험이 순수한 연구나 봉사 이외의 다른 동기가 있음을 암시하는 것일 수도 있다. 연구의 동기가 개인적인 공명심이나 경제적 이윤에 있을 때 비밀주의에 사로잡혀 연구 결과 공표를 마지막까지 유보하는 경향이 최근 들어 더욱 심화되고 있다. 대부분의 사람들, 심지어 과학자들조차 특정 과학기술의 성취를 언론의 보도 후에야 알게 된다.[10]

데이비드 볼티모어가 지적한 투명성은 미국 와이오밍 대학교의 윤리학자 데이비드 레스닉(David B. Resnik)이 과학자의 바람직한 열두 가지 태도 중 하나로 꼽은 개방성과 일맥상통한다. 레스닉에 의하면 "과학자는 데이터·결과·방법·아이디어·기법·도구를 공유해야 한다. 과학자는 다른 과학자들이 자신의 작업을 심사하는 것을 허용하고 비판과 새로운 아이디어에 대해 열려 있어야 한다. 이런 개방성의 원칙은 지식의 진보를 촉진하며, 과학에서의 동료 심사 시스템은 개방성에 의존한다. 개방성은 과학이 독단적이고 무비판적이며 편향화되는 것을 막는 역할을 한다. 개방성은 과학자 간 협력과 신뢰의 분위기를 촉진하는 반면 비밀주의는 과학에 대한 공중의 신뢰와 지지를 저하시키기 때문에 개방성이 더욱 필요하다."[11]

허 젠쿠이는 투명성(개방성)이 부족했기 때문의 연구의 윤리적·과학적 질과 과학자들을 포함한 대중의 신뢰를 모두 상실했다.

그런데 문제는 이런 비밀주의가 허 젠쿠이 한 사람만의 문제로 끝나는 것이 아니었다는 점이다. 여러 과학자들이 직간접적으로 허 젠쿠이의 실험 의지나 진행을 알고 있었고, 그것을 방관 또는 묵인 심지어 동조·협력했다는 정황이 속속 드러났다.

2017년 1월부터 스탠포드 대학의 생명윤리학자 윌리엄 헐버트는 허 젠쿠이와 집중적으로 만나면서 그의 배아 실험 계획에 반대했으나 어느 정도 실험이 진행되고 있음을 눈치 채고 있었다. 스탠포드 대학의 전 지도교수인 스티븐 퀘이크(Stephen Quake)는 인간 배아 편집에 대한 허 젠쿠이의 관심을 듣고 윤리적인 조언을 구하라는 광범위한 주위를 주는 데 그쳤다.

2017년 9월 UC 버클리의 마크 드위트(Mark DeWitt)는 허 젠쿠이가 첫 번째 유전자 변형 아기를 만드는 임상시험을 시도하고 있으며, 환자들을 등록하고 기관윤리심의위원회의 승인을 받았다는 이메일을 받았다. 또 2018년 1월에는 그를 직접 만나 임상시험이 순조롭게 진행되고 있다는 소식을 들었다. 2018년 2월 스탠포드 대학의 매튜 포투스는 허 젠쿠이가 임신을 시도했으나 실패했고 계속할 예정이라는 이야기를 직접 들었다. 이들은 모두 별다른 조치를 하지 않았다. 심지어 라이스 대학의 지도교수였던 마이클 딤은 임상시험에 참여했고, 시험 참여자의 동의 현장에도 함께 있었다.[12]

미국 국립보건원의 프랜시스 콜린스(Francis Collins) 원장은 "만약 허 젠쿠이가 넘지 말아야 할 선을 넘어섰다는 것을 알고도 목소리를 높

이지 않았고, 그것을 당국에 알리지 않은 사람들이 있었다면, 유감스러운 일이다"라고 말했다.[13]

이에 대해 캘리포니아 공과대학의 데이비드 볼티모어는 다른 곳에서도 크리스퍼 유전자가위로 유전자를 편집한 임신이 진행 중일지도 모른다며, 이 분야에서 연구하는 사람들은 다른 실험실에서 무책임한 방법으로 크리스퍼 유전자가위를 사용한 임신을 진행하는 징후가 있을 경우 그것을 당국에 알려야 한다고 주장했다. 반면에 로그바이오에틱스의 생명윤리학자 켈리 힐스(Kelly Hills)는 과학자들은 가치관을 공유하기 때문에 실제로 신고라는 접근법은 별로 효과가 없을 것이라고 했다.[14] 실제로 허 젠쿠이의 임상시험에 대해 비교적 많은 정보를 가지고 있었지만 연구가 진행되는 것을 사실상 방조한 매튜 포투스는 이러한 신고가 과학자 상호 간의 신뢰관계를 파괴할 것이라고 반대 의사를 표시했다.[15] 윤리적·도덕적 딜레마가 명백했지만 규정 준수 보고 절차가 확립·작동하지 않은 탓에 지적이 제대로 이루어지지 않았고, 결과적으로 과학계는 자신을 규제하는 데 실패했다.[16]

과학자들은 스스로 과학기술의 방향과 속도를 결정할 수 있는 자격이 있다는 가정 아래 자기 규제 방식을 선호해 왔다. 역사적으로는 1975년의 재조합DNA* 실험에 관한 아실로마 회의, 그리고 인간 배아 유전자 실험의 범위를 결정한 2015년 제1차 인간 유전자 편집 국제 정상회담 등을 꼽을 수 있다. 한편으로는 과학연구의 결과로 발생

---

* 재조합DNA(recombinant DNA): 이종의 생물체로부터 얻은 유전 요소를 한 단위로 구성하여 만든 DNA.

할 수 있는 문제점에 선제적으로 대응한다는 장점이 있으나 과학자들이 과학의 의제를 제한하고 연구를 최대한 지속하기 위한 전략이라는 비판을 받는 경우도 있다.[17]

1) Alicia Lukman, "Did He Jiankui go to a step too far with CRIS-PR-edited human embryos?", The Boar (2018. 12. 16.), https://theboar.org/2018/12/jiankui/

2) Sharon Begley, "The CRISPR shocker: How genome-editing scientist He Jiankui rose from obscurity to stun the world" (2017. 12. 27.), https://www.statnews.com/2018/12/17/crispr-shocker-genome-editing-scientist-he-jiankui/

3) Amit Katwala, "The Chinese baby debacle takes another dark turn", WIRED (2018. 11. 29.), https://www.wired.co.uk/article/chinese-crispr-baby-he-jiankui

4) Jing-ru Li, Simon Walker, Jing-bao Nie, Xin-qing Zhang, "Experiments that led to the first gene-edited babies. the ethical failings and the urgent need for better governance", Journal of Zhejang University-Science B, 20(1), 2019, 32-38.

5) Craig Klugman, "Birth of Twins from Embryo Editing Raise Eth-

ical, Legal, and Social Issues" (2018. 11. 28), http://www.bio-ethics.net/2018/11/birth-of-twins-from-embryo-editing-raise-ethical-legal-and-social-issues/

6) Alice Klein, Michael LePage, "The gene editing revelation that shocked the world", NewScientist (2018. 12. 5.), https://www.newscientist.com/article/mg24032073-700-the-gene-editing-revelation-that-shocked-the-world/

7) Schiefelbein M. "Chinese researcher claims birth of first gene-edited babies - twin girls" (2018. 11. 25.), https://www.statnews.com/2018/11/25/china-first-gene-edited babies-born/

8) Christiana Larson, "Gene-editing Chinese scientist kept much of his work secret", Medical Xpress (2018. 11. 27), https://medicalxpress.com/news/2018-11-gene-editing-chinese-scientist-secret.html

9) Sharon Begley, "The CRISPR shocker: How genome-editing scientist He Jiankui rose from obscurity to stun the world" (2017. 12. 27.), https://www.statnews.com/2018/12/17/crispr-shocker-genome-editing-scientist-he-jiankui/

10) Alice Klein, Michael LePage, "The gene editing revelation that shocked the world", NewScientist (2018. 12. 5.), https://www.newscientist.com/article/mg24032073-700-the-gene-editing-revelation-that-shocked-the-world/

11) 유네스코한국위원회 편, 《과학연구윤리》, (당대, 2001), 29쪽.

12) Sharon Begley, Andrew Joseph, "The CRISPR shocker: How genome-editing scientist He Jiankui rose from obscurity to stun the world", STAT (2018. 12. 17.), https://www.statnews.com/2018/12/17/crispr-shocker-genome-editing-scientist-he-jiankui/

13) Rob Stein, "Outrage Intensifies Over Claims Of Gene-Edited Babies", National Public Radio (2018. 12. 7.), https://www.npr.org/sections/health-shots/2018/12/07/673878474/outrage-intensifies-over-claims-of-gene-edited-babies

14) Ed Yong, "The CRISPR baby scandal gets worse by the day", The Atlantic (2018. 12. 3.), https://www.theatlantic.com/science/archive/2018/12/15-worrying-things-about-crispr-babies-scandal/577234/

15) Alex Lash, "'JK told me he was planning this': A CRISPR baby Q&A with Matt Porteus", Xconomy (2018. 12. 4.), https://xconomy.com/national/2018/12/04/jk-told-me-he-was-planning-this-a-crispr-baby-qa-with-matt-porteus/

16) Fredeen I. "3 reasons your compliance reporting system fails. Lessons learned from the human gene editing controversy" (2018. 12. 14.), https://www.jdsupra.com/legalnews/3-reasons-your-compliance-reporting-64389/

17) 전방욱, 《DNA 혁명, 크리스퍼 유전자가위》, (이상북스. 2017), 254−255쪽.

7

왜 HIV인가?

데이비드 류(DL): 나는 브로드연구소와 하워드휴스의학연구소의 데이비드 류입니다. 먼저 여러 편치 않은 상황에서도 여기 와 준 것에 감사하다는 데이비드 볼티모어의 말을 되풀이하고 싶습니다. 두 가지만 질문하지요. 첫째, 나는 이 소녀들에게 절박한 의학적 필요성이 없다고 생각합니다. 왜냐하면 부친이 HIV 양성이고 모친이 음성이기 때문에 정자를 세척하면 감염되지 않은 아기를 낳을 수 있는 감염되지 않은 배아를 만들 수 있기 때문입니다. 그렇다면 HIV가 아니라 이 환자들의 특별히 절박한 납득할 수 있는 의학적 필요성이 무엇인지 먼저 설명할 수 있습니까? 그리고 두 번째로, 당신은 과학자나 의사 들이 내린 결정이나 강조한 점과는 반대로 환자들이 내린 결정에 따라 임신하여 사람을 만들도록 이 배아를 이식하는 중요한 결정을 정당화합니다. 당신은 환자들이 그들 자신에 대해 중대한 결정을 하도록 내버려두기보다는 우리가 과학자나 의사로서 환자를 위해 그런 결정을 내려야 할 책임에 대해 이야기할 수 있습니까? 정말 감사합니다.

HJ: 좋습니다. 첫 번째 질문은 CCR5가 의학적으로 절박하게 필요한지 여부에 대한 것입니다. 그래서 다시 한 번 나는 이것이 단지 이 경우뿐만이 아니라 HIV 백신이 없기 때문에 보호를 필요로 하는 수백만 명의 HIV 어린이들을 위한 것이라고 진심으로 믿고 있다는 점을 강조합니다. 나는 주민의 30%가 감염된 어떤 에이즈 마을의 사람들을 만난 적이 있습니다. 그들은 잠재적인 전염을 막기 위해 그들의 자녀들에게 심지어 친척이나 삼촌의 이야기까지 들려주어야 했습니다. 그리고 이 특별한 경우에 대해 나는 매우 자부심을 느낍니다. 나는 자랑스럽습니다. 왜냐하면 마크는 한때 삶의 희망을 잃었다고 생각했지만, 저항성을 가진 아기가 태어나자 "남은 반평생 동안 열심히 일해 돈을 벌어 두 딸과 아내를 돌볼 것"이라는 개인적인 메시지를 보냈기 때문입니다.

제2차 인간 유전체 편집 국제 정상회담에서 자신의 연구를 발표하며 허 젠쿠이는 크리스퍼를 이용해 바이러스에 저항력이 있는 아기를 만든 자신의 노력이 자랑스럽다고 말했다. 허 젠쿠이는 동영상을 통해서도 HIV와 CCR5를 우선적으로 선택한 이유를 밝히고 있다.

당신은 우리가 유전자 수술을 왜 HIV를 예방하기 위해 사용했는지 의아해할 것입니다. 또 다른 치명적인 질병을 선택할 수 있지 않았을까? 첫째, 안전성과 둘째, 실세계의 의료적 가치라는 두 가지 이유에서입니다. 과학자로서 그리고 두 소녀의 아버지로서 안전은 무엇보다도 나의 최우선 관심사입니다. 우리가 선택한 유전자인 CCR5는 가장 잘 연구된 유전자 중 하나입니다. 사실 약 1억 명의 사람들이 자연적으로 CCR5를 비활성화시켜 HIV로부터 자신을 보호하는 유전적 변이를 가지고 있습니다. 그들은 건강합니다. 우리의 수술은 그 자연적 변화의 시작점을 정확히 잘라 냅니다. 수십 년 동안 안전한 것으로 판명된 미국의 첫 유전자 편집 실험을 포함해 그 자연적인 변화를 모방하기 위한 방법들을 임상시험해 왔습니다. HIV를 방어하기 위해서는 간단한 유전자 수술이 필요합니다. 이것은 단지 몇 개의 DNA 문자만 제거하는 것입니다. 망가진 유전자를 교정하면 가족 암이나 근이영양증 같은 많은 질병을 완화하지만, 더 복잡합니다. 미국의 연구는 이 방식이 아직 배아에서 효과가 있다는 것을 제시하지 않았습니다.

우리가 HIV를 대상으로 수술을 하게 된 두 번째 이유는 실제로 의학적인 가치가 있기 때문입니다. HIV에 감염되면 치명적이고 파괴적인 결과를 낳으므로 의학적인 방법을 찾아야 합니다. 작년 한 해만 해도 약 100만 명의 사람들이 HIV로 죽었습니다. 새로 감염되는 사람은 2020년의 UNAIDS 목표 수치보다 3배나 더 많습니다. 백신이나 치료법은 없습니다. 평생 매일 약을 복용하면 건강이 위태로워질 수도 있습니다. 여러 나라에서 감염자에 대한 차별은 더 심각합니다. 고용주들은 HIV에 걸린 감염자들을 해고합니다. 의사들은 치료를 거부합니다. CCR5 유전자 수술은 일반 대중에게는 적용되지 않지만, 감염되고 위험성이 매우 높은 소수의 가정들은 이 같은 운명으로부터 자신의 아이들을 보호할 수 있습니다. 이때문에 2017년에 국립과학원은 백신과 유사하게 질병을 예방하는데 유전자 편집을 사용하는 것은 윤리적이라고 판단했습니다.[1]

그는 안전성과 실제의 의학적 가치라는 두 가지 이유에서 CCR5에 유전자 편집을 사용했다고 밝혔다. 하지만 CCR5를 표적으로 삼는 것은 여전히 위험하며 결과를 예측하기 어렵다. 허 젠쿠이는 단지 몇 개의 DNA 문자만 제거하는 것으로 간단히 표현하고 있고, 유전자 편집의 정확성을 부각시키기 위해 유전자 수술이라는 표현을 사용했다. 그러나 CCR5가 비교적 많이 연구되고 있다는 말은 사실이지만 아직도 CCR5가 담당하는 새로운 역할이 속속 밝혀지고 있어 CCR5에 대한 연구를 더 많이 할 필요가 있는 실정이다.

또한 HIV가 유전자 편집이라는 극단적인 조치를 취할 만큼 의학적으로 절박한 필요성이 있는 위험한 질병일까? 확실히 일부 지역에서는 HIV에 감염된 사람과 사망하는 사람이 많다. 그러나 지난 10년 동안 항바이러스제가 발전함에 따라 HIV 환자라도 건강관리를 잘하면 수명이 정상인과 거의 같아질 수 있다. 유전자 편집 외에도 HIV 양성 남성의 아기가 감염되는 것을 막을 수 있는 방법도 있다. 현재는 HIV 치료법이 발달해 HIV 감염자의 섹스 파트너나 자손이 감염될 위험성이 크게 낮아졌다. 허 젠쿠이는 정자를 시험관 수정에 사용하기 전에 세척하여 HIV를 제거했는데, 이것은 비교적 간단한 방법으로 감염되지 않은 배아를 만들 수 있다는 것을 의미한다.

허 젠쿠이의 말처럼 치료제를 복용하지 않는 것이 건강에 더 유익할 것이라고 생각할 수 있다. 그러나 CCR5 유전자를 돌연변이시킨다고 해서 HIV의 모든 변이체를 막을 수 있는 것은 아니기 때문에 다른 예방 조치를 취해야 한다.

영국 국립 에이즈트러스트의 데보라 골드(Deborah Gold)는 CCR5 유전자를 선택한 것은 의학적 필요성이 절박하기 때문이라기보다, 허 젠쿠이도 인정했듯이 HIV를 둘러싼 낙인이 심각하기 때문이라고 말했다.[2]

중국에서는 특히 1989년 중국 민주화 운동 실패 이후 에이즈를 외국인의 질병으로 규정하며 퇴폐적인 서구 문화를 공격하기 위한 정치적 무기로 사용했다. 그리고 1990년대에 들어서는 하이난성에서 수집하던 혈장이 HIV에 오염되었고, 이를 수혈받은 사람들을 침묵시키기 위해 가족들에게 부정적인 결과가 있을 것이라며 낙인 전략을 썼다. 오늘날 중국 정부의 통계에 의하면, 50만 명이 HIV에 감염되었고, 그중 약 30만 명이 항레트로바이러스요법을 받고 있다. 그러나 이와 같은 공식적인 에이즈 통계를 둘러싼 의혹과 불신은 여전하다. 또한 중국에는 차별금지법이 있지만 에이즈 환자는 고용, 건강관리, 사회관계망, 결혼 등 여러 측면에서 차별을 받고 있다.[3]

이런 환경에서 남편이 HIV에 감염된 부부는 '에이즈 백신 실험'으로 묘사된 동의서 양식에 쉽게 서명했을 것 같다. 허 젠쿠이는 대도시 연평균 급여의 두 배 비용이 되는 시험관 수정을 무료로 해 주겠다고 제안했는데, 이것을 거부하기도 쉽지 않았을 것이다.

지금 당장은 가족의 신원이 드러나지 않았고 허 젠쿠이도 신원을 공개하지 않았기 때문에 부모들이 얼마나 알고 있었는지 그리고 왜 그런 무모한 시험에 참여하기로 선택했는지 분명하게 알 수는 없다. 낙인과 암묵적 차별 때문에 임상시험의 내막을 잘 모르는 부모들이 더 쉽게 동의했을 가능성도 있다. 그러나 허 젠쿠이는 적어도 부모들에게 자녀의 에이즈 감염을 막을 수 있는 대안이 있다는 점을 알렸어야 했다.

과학자로서 크게 성공하려면 훌륭한 경력만으로는 충분하지 않다. 놀랍고 획기적인 성과를 거두어야 기업 기부와 정부의 엄청난 보조금을 받을 수 있다. HIV에 감염될 수 있는 아기들을 구하는 행동이야말로 과학자로서 명성을 드높이고 많은 지원금을 확보할 수 있는 최선의 방책이었던 것이다. 이것이 허 젠쿠이의 동기 전부가 아닐 수도 있지만, 오늘날 연구와 개발 분야의 모든 인센티브는 큰 위험을 무릅쓰고 획기적 돌파구를 성취한 연구에 돈과 관심을 집중하도록 설정되어 있다.[4]

에든버러 대학의 법의학자 사라 챈(Sarah Chan)은 유전자 편집의 위험이 상당히 크고 여전히 알려지지 않은 부분이 많은데 이처럼 사소한 이익을 얻으려고 위험을 감수한 것은 윤리적이지도 않고 책임 있는 태도도 아니라고 말했다. 사라 챈은 유전자 편집 사용에 대한 대중의 합의를 기다리지 않고 이처럼 섣부르게 인간을 위험에 빠뜨린다면 유전자 편집의 전 분야를 퇴보시킬 수 있다고 말한다. "모든 당사자들의 의견을 수렴하는 전 세계적이고 포괄적인 공개 논의가 정

말로 필요하다."⁵

허 젠쿠이는 크리스퍼를 사용해 개인이 HIV에 저항성을 갖게 하려고 노력했지만 많은 사람들은 생식세포 유전자 편집의 설득력이 가장 큰 경우는 유전질환을 예방하기 위한 것이라고 믿는다.

낭포성 섬유증과 같은 단일 유전자의 돌연변이로 인한 대부분의 질병은 시험관 수정 배아를 이식하기 전에 해로운 돌연변이에 대해 검사하는 방법을 통해 예방할 수 있다. 그러나 이러한 착상전 유전자 진단은 한계가 있다. 특히 헌팅턴병과 같이 부모 중 한쪽으로부터만 돌연변이를 물려받아도 증상이 나타나는 경우(우성유전질환*)에는 말이다. 만약 부모 중 한쪽이 이런 증상을 가졌다면, 절반의 배아가 이 유전자를 지닐 것이고, 부부가 시험관 수정을 통해 그 증상을 나타내지 않는 아이를 가질 수 있는 가능성은 절반이 될 것이다. 암을 유발하는 BRCA1 유전자를 포함하는 일부 돌연변이는 생식력에 영향을 줄 수 있어 여성들이 시험관 수정 주기당 더 적은 수의 난자를 생산하기 때문에 착상전 유전자 진단에 의해 임신이 성공할 가능성이 낮아짐을 의미한다. 아이들이 하나 이상의 해로운 돌연변이를 물려받는 경우 건강한 배아를 찾아낼 가능성이 훨씬 낮아지기 때문에 착상전 유전자 진단은 거의 소용이 없다. 이 같은 경우에는 돌연변이를 갖는 배아를 솎아 내기보다 유전자 편집을 사용하면 건강한 아이를 가질 수 있다. 또한 유전자 편집은 정자를 만드는 세포의 돌연변이 때문에 정자를 생산할 수 없는 남성들을 도울 수도 있다. 이러한 돌연변이를

---

* 우성유전질환(dominant genetic disease): 대립유전자의 하나만 질병 유전자를 가져도 발병하는 유전질환.

바로잡는다면 생식력을 회복할지도 모른다. 생쥐에서는 증명되었지만 사람에서는 아직 가능하지 않은 일이다. 우리 모두는 암이나 심장마비 또는 치매에 걸리기 쉬운 수천 가지의 해로운 돌연변이를 가지고 있다. 원칙적으로 유전자 편집을 통해 모든 사람이 더 오래 더 건강한 삶을 살 수 있지만, 이것을 완벽히 다루는 일은 아직 시기상조다.[6]

이완 버니에 따르면 인간 배아를 크리스퍼로 편집할 가능성은 착상전 유전자 진단으로 선별할 수 있는 낭포성 섬유증과 같은 유전질환 등에서 주로 논의되었다. 크리스퍼 유전자 편집이 착상전 유전자 진단에 비해 더 효과가 있다는 사실은 아직 알려진 바 없다.[7]

지능이나 외모 등 비의료적인 사용은 예외로 하더라도 심각한 유전질환을 교정하기 위해 크리스퍼로 유전자를 편집하는 경우조차 흔하지 않을 것 같다. 유전자 상담*은 이미 여러 나라에서 테이 삭스와 같은 심각한 유전질환을 대물림할 위험성을 줄이기 위해 사용되고 있다. 심각한 유전질환을 가진 사람들은 이미 자녀들에게 그것을 대물림하지 않을 수 있는 상당히 안전한 착상전 유전자 진단이라는 검사 과정을 이용할 수 있기 때문에 부모들은 굳이 생식세포 유전자를 편집할 필요가 없다. 1980년대에 개발되어 널리 이용되고 있는 착상전 유전자 진단은 시험관 수정 후 배아에서 일부 세포를 안전하게 떼내 배아의 염색체나 유전자가 질환과 관련이 있는지 검사한다. 그리고 질병이 없는 배아를 자궁에 다시 이식한다.[8]

---

* 유전자 상담(genetic consultation): 유전질환의 위험성이 있는 사람이 질환을 예방 혹은 경감시키는 방법에 대해 조언을 받는 과정.

가까운 미래에 일부 유전질환은 전체 배아를 변형하기보다는 태아, 어린이, 성인의 특정 세포 내의 유전자를 고치는 수준으로 발전할 가능성이 있다. 여기서 관련 세포들은 몸에서 추출해 유전자를 변형시킨 다음 다시 주입한다. 낫세포 빈혈과 지중해성 빈혈 등 산소를 운반하는 중요한 단백질인 헤모글로빈의 결함으로 발생하는 혈액질환은 이런 방식으로 치료될 것으로 예측된다. 간이나 근육 질환의 경우 유전체 편집 도구를 가진 무해한 바이러스를 이 장기에 주입할 수도 있다. 부모들이 그들의 배아를 편집해 달라고 요구할 수 있는 경우는 극히 드물 것이다. 낫세포 빈혈이나 낭포성 섬유증이 그 예인데, 관련 유전자가 돌연변이된 부모의 복사본이 함께 나타날 때(열성유전질환*) 질환이 비롯된다. 각 복사본은 부모의 한쪽으로부터 유래한다. 만약 부모가 모두 이런 질환을 앓는 경우 유전자 편집은 질환이 없는 친자를 가질 수 있는 유일한 방법이 된다.

그럼에도 과학자들은 임신을 위한 배아 유전체 편집을 선뜻 시도하지 않을 것이다. 왜냐하면 과학자들은 이익뿐만 아니라 그 위험성도 고려해야 하기 때문이다. 예기치 않은 유전적 변화가 일어나고 예상하지 못한 결과가 뒤따른다면, 그것은 그 아이들뿐만 아니라 미래 세대에도 영향을 미칠 수 있기 때문에 가장 먼저 위험성을 고려해야 한다. 따라서 과학자들은 우리가 위험을 평가할 수 있는 기술에 대해 충분히 알기 전까지, 그리고 사회 전반이 참여하지 않는 한 임신을 위한 인간 배아 편집을 하지 않기로 합의했다.[9]

* 열성유전질환(recessive genetic disease): 대립유전자가 모두 질병 유전자를 가져야만 발병하는 유전질환.

그러나 허 젠쿠이의 실험으로 이 합의는 최근에 깨진 것이나 다름없다. 인간 배아의 유전자를 크리스퍼로 변형시킨 허 젠쿠이의 실험에서 편집의 결과나 유전체에 만들어진 비의도적 변화의 결과들을 확신할 수 없기 때문에 매우 우려스러운 상황이다. 다른 많은 과학자들은 당분간 허 젠쿠이의 전철을 따르지 않을 것이다. 그러나 미래에는 심각한 유전질환을 막기 위해 유전질환을 자녀에게 대물림할 수 있는 부모가 유전자 편집을 통해 아이를 보호하려는 사례가 발생할 것이고, 어쩌면 사회는 이 선택을 수용할 가능성도 있다. 덜 심각하지만 잘 알려진 유전적 변이를 어느 수준까지 편집할 수 있을지는 아직 정해지지 않았다. 좀 더 먼 미래에는 실제로 유전자를 증강시킬 가능성도 충분히 고려할 수 있지만, 허 젠쿠이의 연구 발표로 인해 이런 가능성은 더 낮아졌다고 생각한다.[10]

현재 크리스퍼 유전체 편집은 생물학 연구를 변화시키고 있으며 의학 및 농업에 광범위하게 응용할 수 있는 혁신적 기술이다. 크리스퍼 유전체 편집이 우리 생활과 좀 더 밀접해진다면 유전체 시퀀싱, 유전자 프라이버시, 그리고 차별과 관련된 많은 규제적이고 윤리적인 문제가 틀림없이 발생할 것이다.

1) He Lab, "Why we chose HIV and CCR5 first" (2018. 11. 25.), https://www.youtube.com/watch?v=aezxaOn0efE

2) Wilson C., "Why was HIV chosen as the first target for embryo gene editing?", New Scientist (2018. 12. 5.), https://www.newscientist.com/article/mg24032073-900-why-was-hiv-chosen-as-the-first-target-for-embryo-gene-editing/

3) Kathleen McLaughlin, "China's history with AIDS explains a puzzling aspect of the CRISPR babies story", STAT (2018. 12. 14.), https://www.statnews.com/2018/12/14/china-aids-history-crispr-babies/

4) Greg Fish, "The scientific and ethical disaster that is the Chinese CRISPR scandal", Weird Things (2018. 12. 8.), https://worldofweirdthings.com/2018/12/08/the-scientific-and-ethical-disaster-that-is-the-chinese-crispr-scandal/

5) Amit Katwala, "China claims to have created gene-edited ba-

bies. What happens next?", WIRED (2018. 11. 27.), https://
www.wired.co.uk/article/china-crispr-genetically-modi-
fied-babies-hiv

6) Michael LePage, "Genetic disorders should be the focus of
CRISPR gene editing trials", New Scientist (2018. 12. 5.),
https://www.newscientist.com/article/0-genetic-disor-
ders-should-be-the-focus-of-crispr-gene-editing-trials/

7) Amit Katwala, "China claims to have created gene-edited ba-
bies. What happens next?", WIRED (2018. 11. 27.), https://
www.wired.co.uk/article/china-crispr-genetically-modi-
fied-babies-hiv

8) Rosa Silverman, "Are designer babies more fact than fiction?",
Stuff (2018. 7. 23.), https://www.stuff.co.nz/life-style/parent-
ing/pregnancy/conception/105680875/are-designer-babies-
more-fact-than-fiction

9) Merlin Crossley, "'Designer' babies won't be common anytime
soon-despite recent CRISPR twins", The Conversation (2018.
12. 12.), https://theconversation.com/designer-babies-
wont-be-common-anytime-soon-despite-recent-crispr-
twins-108342

10) Merlin Crossley, "'Designer' babies won't be common any-
time soon — despite recent CRISPR twins", The Conversation
(2018. 12. 12.), https://theconversation.com/designer-babies-

wont-be-common-anytime-soon-despite-recent-crispr-twins-108342

8

또 다른 유전자 편집 아기

MP: 두 번째 질문을 받기 전에 질문해도 되겠습니까? 당신은 다른 착상 사례도 있다고 했는데, 임상시험을 하면서 유전체를 편집한 배아로 현재 임신한 사례가 또 있는지 확인해 주시죠.

HJ: 모니터링하고 있는 다른 한 가지 사례가 있습니다. 다른 임신 사례가 있습니다.

RLB: 나는 아주 초기 단계라고 생각합니다. 음, 화학적 임신이라고나 할까요. 매우 고맙습니다. 그러면 이쪽 질문을 먼저 받고 그다음 언론사의 질문을 듣도록 하겠습니다. 자, 계속 하십시오.

허 젠쿠이의 연구진은 쌍둥이 루루와 나나만 편집한 것이 아니다. 지금까지 이루어진 이식 건수에 대한 답변을 해야 했을 때 그는 배아 유전자가 편집된 아주 초기 단계의 또 다른 임신 사례의 가능성이 있다고 밝혔다. 그는 임신 초기라며 질문에 대답하기를 망설였다. 허 젠쿠이의 연구팀은 지금까지 배반포 단계로 발전한 31개의 배아에 크리스퍼 시스템을 주입했다. 그는 그중 70%가 성공적으로 편집되었고, 5쌍의 남은 부부들에게 더 많은 스크리닝과 착상이 이루어지기를 기다린다고 말했다. 그러나 이제 착상은 모두 보류되었다. 현재 상황으로 인해 시험이 일시 정지되었다고 그는 말했다.[1]

총 31개의 인간 배아가 편집되었다. 그중 두 개는 쌍둥이 자매로 태어났다. 허 젠쿠이는 이 외에도 아주 초기 단계의 또 다른 임신이 진행되고 있다고 말했다. 남아 있는 배아에 무슨 일이 일어났는지, 그리고 그것이 산모에게 이식되었는지 여부는 명확하지 않다.

키란 무슈누루는 허 젠쿠이가 두 번째 임신에 사용한 배아가 PCSK9이라는 콜레스테롤 대사에 관련된 유전자가 아닌지 의심하고 있다. 왜냐하면 그는 허 젠쿠이의 실험실에 있는 청 페이페이(Feifei Cheng)라는 한 대학원생으로부터 생쥐 실험에서 이것이 합리적이고 실현 가능하다고 생각하느냐는 질문을 받았었기 때문이다. 이 유전자는 CCR5와 마찬가지로 치명적인 유전질환과는 관련성이 없는 유전자다. 다만 유전체에서 삭제되면 저밀도 콜레스테롤의 수치가 상당히 낮아지고 심장질환의 위험성도 크게 줄어드는 등 건강에 도움이 될 수 있다. 만약 허 젠쿠이가 배아에서 이 유전자를 편집했다면, HIV 예방보다 절박한 의학적 필요성은 더 적으며, 치료나 예방보다는 유전자 증강에 가깝다는 비난을 면치 못할 것이다. 실제로 2018년 11월 말 허 젠쿠이는 〈사이언스 트랜스레이셔널 메디슨〉(*Science Translational Medicine*)에 PCSK9 유전자를 편집한 논문을 투고했으나 게재를 거부당했다고 한다. [2]

2019년 1월 중국 공안 당국도 허 젠쿠이를 조사한 후 루루와 나나 외에도 다른 여성이 유전자 편집 아기를 임신한 사례가 있다는 사실을 확인했다. [3] 그러나 그 이후의 진전 상황에 대해서는 전혀 알려지지 않고 있다. 루루와 나나 이외에 세 번째 유전자 편집 아기의 출생은 2019년 8월로 추정된다.

1) Megan Molteni, "Rouge scientist says another CRISPR pregnancy is underway", WIRED (2018. 11. 28.), https://www.wired.com/story/he-jiankui-gene-editing-crispr-second-pregnancy/

2) Jane Qiu, "American scientist played more active role in 'CRISPR babies' project than previously known", STAT (2019. 1. 31.), https://www.statnews.com/2019/01/31/crispr-babies-michael-deem-rice-he-jiankei/

3) Agence France-Presse, "Second woman carrying gene-edited baby, Chinese authorities confirm", The Guardian (2019. 1. 22), https://www.theguardian.com/science/2019/jan/22/second-woman-carrying-gene-edited-baby-chinese-authorities-confirm

9

윤리 심의와 승인

이반 쿠르토비치(IK): 나는 호주 디킨 대학의 이반 쿠르토비치(Ivan Kurtovic)입니다. 윤리에 관한 두 가지 질문을 하겠는데, 먼저 당신이 과거에 거쳤다고 하는 기관윤리심의 과정에 대해 조금 자세히 이야기해 줄 수 있는지 궁금합니다. 두 번째는 미래에 관한 것입니다. 당신은 마지막 슬라이드에서 후속 처리를 어떻게 할 것인지 알려 주었는데, 이 아이들에 대해 어떤 책임을 느끼고 있는지 미래에 대한 당신의 책임에 대해서도 차분하게 이야기해 주시겠습니까?

HJ: 네, 약간 소란스럽기 때문에 당신의 질문을 여기 있는 사람들에게 전달해 주면 좋겠습니다. 당신의 친구나 친척이 질병 때문에 격리된 것을 본다면, 오늘 우리는 연민을 나눌 감염성 질병을 가졌거나 거기에 노출된 수백만의 가족을 도울 수 있습니다. 미래를 이야기하자면, 만약 우리가 많은 사람들을 도와줄 수 있는 기술을 가졌다면 그것을 빨리 이용할 수 있도록 하는 것입니다. 우선 보다 광범위한 공동체와 사회, 그리고 세계에 투명하게 공개되어야 하고 그 단계에서 무엇을 할 것인지 사회가 결정하도록 해야 합니다.

IK: 내 질문은 미래에 대한 추상적인 질문이 아니고, 태어난 아이들을 어떻게 할 것인지, 실제 아이들에 대한 훨씬 더 구체적인 것입니다.

RLB: 그것은 언론의 질문과 관련이 있네요. 그중 하나는, 기본적으로 당신이 알고 있다고 생각하는 질문인데 미래에 루루와 나나의 신분을 노출할 것인가, 두 사람을 비밀로 둔 채로 그 치료의 유효성를 어떻게 증명할 것인가 하는 것입니다. 물론 이 경우에는 정말로 환자의 신분을 보호해야 하는 의무 때문에 갈등을 겪을 것입니다. 하지만 세상은 이 방법이 부정적인가 혹은 긍정적인가 궁금해할 것입니다. 그럴 경우 어떻게 하시겠습니까?

HJ: 첫째, HIV 양성자의 신분을 대중에게 밝히는 것은 중국 법에 어긋납니다. 둘째, 이 쌍둥이를 위해서는 세심한 건강 모니터링을 하고 있으며, 나는 이 결과가 규제 당국과 전문가에게 우리가 공개할 수 있는 데이터나 정보라고 생각합니다.

인간에 대한 실험적 연구는 다른 인간 대상 연구와 마찬가지로 연구 시작 전에 독립적인 기관윤리심의위원회에서 연구 계획을 심의받아야 한다. 실험적 연구는 특수한 경우를 제외하고는 심의가 면제되지 않는다. 연구 참여자의 보호가 주된 임무인 기관윤리심의위원회는 사전에 제출된 연구 계획서를 검토해 연구의 위험과 이익을 평가하고, 연구 참여자에게 제공되는 문서 양식과 동의 과정, 광고 등 연구 참여자 모집 과정, 연구 참여자에 대한 비용 지불과 보상, 취약한 연구 참여자의 문제, 사생활 및 비밀 유지에 대한 장치 등을 심의한다. 연구자는 연구 계획서뿐 아니라 연구 자금, 후원 기관, 연구 기관 간 제휴관계, 발생 가능한 이해 상충, 그리고 연구 참여자에 대한 보상에 대해 기관윤리심의위원회가 검토하도록 자료를 제출해야 한다. 기관윤리심의위원회는 연구비와 관련된 금전적 관계가 이해 상충을 일으켜 연구 결과를 왜곡하거나 연구 참여자를 위험에 처하게 할 가능성이 있는지 면밀히 검토해야 한다.[1]

허 젠쿠이는 선전에 있는 허메이 여성아동병원의 기관윤리심의위원회로부터 윤리 승인을 받았다고 주장했다. 실제로 중국 임상시험 등록부에는 선전의 여성아동병원 기관윤리심의위원회의 심사 신청서가 등재되어 있었으나 나중에 병원 측에 의해 철회되었다. 그 연구를 승인했다고 한 기관윤리심의위원회의 심사 신청서에 따르면, 임상시험 의뢰자는 선전 남방과기대학과 선전의 여성아동병원으로 되어 있었다. 임상시험 기간은 2017년 3월부터 2019년 2월까지였다. 신청서에는 선전의 여성아동병원 직인이 찍혀 있었고 서명 란에는 치의학과장 황 후아펑(Huafeng Huang), 마취과 의사 첸 젠종(Zhenzhong

Zhen) 등 7인의 서명이 있었다. 11월 27일 선전 여성아동병원 원장 쳉 젠(Zhen Cheng)은 그 서명이 자신의 것과 유사하지만 자신은 그 신청서에 서명한 적이 없다고 말했다. 기관윤리심의위원회는 신청서를 검토한 후 승인 서명의 위조 여부를 밝혀 달라고 해당 지역 공안 기관에 신고했다.[2]

또한 허메이 산하 네 군데 병원 중 유전자 편집 아기 출산 연구에 배아를 제공한 곳은 없다고 말했다. 허메이 여성아동병원은 인간의 유전자 편집을 비난하는 성명을 발표하며 허 젠쿠이 실험실과의 연관성에 대해 조사할 것이라는 방침을 발표했다. 하지만 병원의 이런 주장은 일관성이 없다. 허메이 여성아동병원은 처음에는 상당한 반사 이익을 기대했다가 정작 허 젠쿠이의 실험이 비난을 받자 거리 두기를 하고 있는 것으로 보인다.

〈워싱턴 포스트〉가 보도한 바에 따르면, 선전의 여성아동병원 설립자이자 기관윤리심의위원회를 이끌고 있는 린 지퉁(Zhitong Lin)은 2018년 10월 AP 통신과의 인터뷰에서 "우리는 허 젠쿠이의 실험이 윤리적이라고 믿는다"고 말했다. 린 지퉁은 선전의 여성아동병원 주주이며 정웨이 그룹의 의료사업부 총재다. 또한 린 지퉁은 선전의 여성아동병원 주식의 8%를 가지고 있을 뿐 아니라 한때 이 병원의 원장을 지냈으며 보하이 유전생명공학회사의 이사로 재직한 것으로 나타났다.

그런데 선전 보하이 유전생명공학회사의 실제적인 대표는 허 젠쿠이다. 2015년 12월 10일, 보하이 유전생명공학회사와 허메이 메디컬 홀딩스는 홍콩에서 협력 협약에 서명했다. 주로 홍보를 목적으로

한 이 서명식 당시, 허 젠쿠이는 보하이 유전생명공학회사의 대표였고, 린 지퉁은 집행이사였다. 린 지퉁이 허 젠쿠이 회사의 상업적 가치를 제고하기 위해 반복적으로 노력한 점은 주목해야 한다.

2012년 2월 허 젠쿠이는 28세에 선전의 해외 인재 유치 프로그램인 '공작계획'을 통해 남방과기대학의 최연소 부교수가 되었다. 이 무렵 허 젠쿠이는 자신의 사업 구상을 펼치기 시작했다. 상공 정보에 따르면 2012년 7월 4일, 허 젠쿠이는 자신의 회사인 보하이 유전생명공학회사를 설립했다. 2016년 초 정웨이 그룹이 보하이 유전생명공학회사의 자금 유치 계획을 주도했을 때, 린 지퉁은 정웨이 그룹 의료사업부의 이사장이었다. 또한 정웨이 그룹이 투자한 선전 정웨이 생명공학투자회사는 허 젠쿠이가 5.45%의 지분을 가지고 있는 선전 인허 생명공학회사에 투자했다. 이처럼 경제적 이해 당사자가 임상시험 계획 심사에 참여하면 승인 과정과 결과가 왜곡될 가능성이 상당히 커질 수 있다. 이런 저간의 사정으로 볼 때, 허 젠쿠이의 주장이 전혀 터무니없는 것 같지는 않지만 실제로 기관윤리심의위원회가 승인한 구체적 내용이 무엇인지는 알려지지 않고 있다.[3]

중국 국가위생계획생육위원회(NHFPC)가 2016년에 발표한 '의학연구 참여자 윤리심의방안'에 따르면, 의료 기관은 기관윤리심의위원회 설립 후 3개월 이내에 의료연구등록관리 시스템에 등록해야 한다. 그런데 이 병원의 기관윤리심의위원회는 이 시스템에 등록된 위원회가 아니었기 때문에 설령 승인해 주었다고 해도 규제적 관점에서 무의미한 일이었다.[4]

중국은 260개 도시에 걸쳐 임상 연구를 위해 32개 국립 센터와 2100개 의료기관이 설립되어 세계에서 가장 선호하는 임상시험 수행 지역이다(중국 과학기술부 2017년). 그러나 특히 고위험 연구에 대해서는 기관윤리심의위원회의 조직과 연구 과정의 감독 등이 서구 국가에 비해 발달하지 못했다. 지금까지 아시아·서태평양 윤리위원회 연합포럼(FERCAP)의 승인을 받은 중국 병원/대학은 78곳뿐이며, 민간 병원은 한 군데도 없다. 최근 저장성 내 기관윤리심의위원회에 대한 단면조사 결과 195개 공공 병원(대학, 질병관리센터 등 포함) 중 100개 병원만 자체 기관윤리심의위원회가 있는 것으로 나타났다. 게다가 80% 이상의 기관윤리심의위원회는 행정부서나 학장실 등과 같은 다른 부서에 소속되어 있었다.

기관윤리심의위원회가 독립 기관이 아니라 다른 부서에 소속해 있으면, 즉 기관윤리심의위원회가 기관의 다른 부서와 동등한 지위를 갖지 않고 오히려 다른 부서의 부속 기관이라면 결정이 치우칠 가능성이 있다. 예를 들어 기관윤리심의위원회가 제약 행정부서 소속이라면 그 부서의 연구 계획은 다른 부서보다 승인될 가능성이 높은데, 이것은 중국의 무언의 룰이다. 더욱이 기관윤리심의위원회의 15% 이상의 기관에 자금이 지원되지 않아, 예를 들어 직원 급여, 전문가 여비, 식사비 등 필요한 비용을 확보할 수 없어 기관윤리심의위원회가 제대로 운영되었다고 보기 어렵다.[5]

스탠포드 대학교의 윤리학자 행크 그릴리(Hank Greely)는 허 젠쿠이의 임상시험이 이익 대비 위험성이 엄청나게 큰 데도 승인이 엉터리로 이루어진 것에 분개해 이 임상 계획을 승인한 기관윤리심의위

원회는 감옥에 가거나 해산해야 한다고 말할 정도였다.[6]

1) 김옥주, "생명과학연구자들을 위한 인간 대상 연구윤리: 현황 분석 및 교육자료 개발" (한국보건산업진흥원: 2007), 271쪽, http://bprlib.kr/CORE/?moduleName=_core.LasSearchDetail&control_no=4569

2) "深圳和美股东力挺贺建奎争议事件背后赏本闪现", 中國經營報 (2018. 12. 3.), http://www.kaixian.tv/gd/2018/1203/1219983.html

3) Julia Belluz, "Is the CRISPR baby controversy the start of a terrifying new chapter in gene editing?", Vox (2018. 12. 3.), http://www.vox.com/science-and-helath/2018/11/30/18119589/crispr-technology-he-jiankui

4) Jing-ru Li, Simon Walker, Jing-bao Nie, Xin-qing Zhang, "Experiments that led to the first gene-edited babies. the ethical failings and the urgent need for better governance", Journal of Zhejang University-Science B 2019 20(1): 32-38.

5) Zenh Jie Ye, Xiao Ying Zhang, Jian Liang, Ying Tang, "The

Challenges of Medical Ethics in China: Are gene-edited baby enough?", Science and Engineering Ethics (2019. 2. 4.), DOI: 10.1017/s11948-00090-7

6) Megan Molteni, "Scientist who crispr'd babies bucked his own policy", WIRED (2018. 11. 27.), https://www.wired.com/story/he-jiankui-crispr-babies-bucked-own-ethics-policy/

10

설득과 대안

장 텐저(TZ): 나는 국제법과기술상호운용성협회의 창립 멤버 장 텐저(Tianze Zhang)입니다. 우리는 법률과 기술, 그리고 법조계의 미래에 대해 연구하고 있습니다. 우리 회원들로부터 많은 질문을 받았지만 나는 몇 가지 일반적으로….

RLB: 좋은 질문 하나만 골라 주세요.

TZ: 그래요, 좋습니다. 난 모든 질문이 중요하다고 생각합니다. 그중에서도 가장 중요한 것은 예를 들어 아이들의 AIDS 감염을 피하는 다른 방법들이 있다고 부모들에게 말한 뒤에 이 실험을 시작하자고 어떻게 설득할 수 있었을까, 그리고 두 번째는 윤리심의를 받은 방법에 관한 것인데, 얼마나 많은 기관이 참여하고 그 과정은 어떠했는지입니다. 감사합니다.

HJ: 자, 첫 번째 질문은 우리가 환자를 설득한 방법에 관한 것입니다. 참여자들의 학력은 모두 좋은 편입니다. 그들은 최근의 HIV, 약물, 또는 대체 접근법 정보에 대해 많이 알고 있었습니다. 최근 발표된 연구 논문들에 대해서도. 이것은 HIV에 감염된 사람들에서는 흔한 일입니다. 그들은 HIV의 예방과 치료에 관한 가장 최신의 정보를 공유하는 소셜 네트워크에 가입해 있습니다. 그래서 고지동의를 한 자원자들은 이미 유전학 기술과 그것의 부작용이나 잠재적 이익에 대해 상당히 잘 이해하고 있었습니다. 그래서 나는 그 결정을 하게 된 자원자들이 서로 정보를 교환했다고 생각합니다.

앞서 데이비드 류의 지적처럼 부친이 HIV 양성이고 모친이 음성일 경우에는 감염되지 않은 아이를 가질 가능성이 높다고 알려져 있고, 더 나아가 허 젠쿠이가 실험한 바와 같이 정자를 세척하면 감염되지 않은 배아를 만들어 감염되지 않은 아이를 태어나게 할 수 있다. 그러나 허 젠쿠이가 실제로 최근에 통용되고 있는 대체 시술이나 치료 과정에 대해 연구 참여자들에게 충분히 알려 주었는지 여부는 확실하지 않다. 하지만 자녀가 HIV에 감염되지 않을 더 안전하고 확실한 방법이 있다고 부모에게 제대로 알려 주었을 경우 이를 마다할 부모는 별로 없을 것 같다.

허 젠쿠이의 답변과 달리 그가 사용한 동의서에는 유전자 편집에 따른 표적이탈효과나 모자이크현상 등 부작용에 대한 내용이 기재되어 있지 않았다. 또 웨스트나일바이러스와 인플루엔자 같은 다른 바이러스에 대한 취약성 증가 가능성을 포함해 CCR5 유전자를 비활성화시키는 데 수반되는 위험에 대한 언급도 없었다. 게다가 연구진이 직접 동의 과정에 참여함으로써 이런 불이익보다 이익이 강조되었을 가능성도 있다.

부모가 불완전하게 변형된 배아를 착상시키는 데 동의했을 때도 허 젠쿠이가 동영상에서 강조한 것처럼 유전자 편집이 정확하게 이루어졌으며, 이를 통해야만 아이들이 HIV에 걸리지 않고 건강하게 자랄 수 있다고 오도되었을 수 있다. 허 젠쿠이가 유전자 편집이라는 용어 대신 유전자 수술이라는 용어를 사용한 사례에서도 볼 수 있듯이 정확하고 건강에 유익이 된다는 점을 강조했을 가능성이 있다.[1]

부모들이 허 젠쿠이의 실험을 중도에 그만두고 싶었어도 대도시 노동자 연평균 근로소득의 두 배를 환불할 경제적 능력이 없었는지도 모른다. 허 젠쿠이는 참여자의 교육 수준이 높은 편이고 유전자 편집 기술에 대해 이미 잘 알고 있었다고 말했지만, 〈디 애틀랜틱〉(*The Atlantic*)의 에드 용(Ed Yong)에 의하면 그마저도 사실이라고 보기는 어렵다.[2]

유전자 편집을 통해 CCR5를 비활성화시켜도 HIV에 감염되는 것을 완벽하게 막을 수는 없다. 왜냐하면 다른 HIV 변이체들은 CXCR4

라고 불리는 또 다른 분자 진입점을 통해 세포로 들어갈 수 있기 때문이다.[3]

1) The He Lab, "About Lulu and Nana", YouTube (2018. 11. 26.), https://www.youtube.com/watch?v=th0vnOmFltc&feature=youtu.be&fbclid=IwAR0dCF1WTNlB6qKRCejYp9gbMKc-gztqMqMOWxXN49U2qUpfR8hUrJwvCpls

2) Ed Yong, "The CRISPR baby scandal gets worse by the day", The Atlantic (2018. 12. 3.), https://www.theatlantic.com/science/archive/2018/12/15-worrying-things-about-crispr-babies-scandal/577234/

3) Nicanor Austriaco, "The case against CRISPR babies", First Things (2018. 12. 12.), https://www.firstthings.com/web-exclusives/2018/12/the-case-against-crispr-babies

11

자료의 공개와 논문 출판

MP: 다시 한 번 질문을 해도 되겠습니까? 다시 투명성으로 돌아가 보죠. 당신은 고지동의서와 당신이 준비 중인 원고를 공공 포럼에 올릴 의향이 있습니까? 당신이 한 일을 상세히 알 수 있도록 고지동의서를 바이오리시브*(bioRxiv)나 공개적으로 이용할 수 있는 웹사이트에 올려 심사를 받을 수 있습니까? 그렇게 할 생각이세요?

HJ: 실제로 고지동의서는 이미 한자로 검색하도록 설정한 실험실의 웹사이트에 올렸는데, 영어 버전을 열면 그것을 읽을 수 있습니

---

* 바이오리시브(bioRxiv): 미국 비영리 사립 연구 기관 콜드스프링하버연구소(CSHL)가 개발·운영하고 있는 출판 전 논문 공유 사이트.

다. 두 번째로, 원고를 투고했으며 우리와 미국에 있는 사람들 10여 명과 함께 원고를 편집할 수 있어서 기쁩니다. 편집이 끝나면 또 나는 몇 사람의 조언을 받겠다고 약속했고, 그 절차를 마친 다음 바이오리시브에 투고하겠습니다. 계획이 있다고 이야기했지만 오늘 몇몇 사람들로부터도 조언을 받아야 합니다. 바이오리시브에 게시하기 전에 동료 심사를 받아야 합니다. 이처럼 충고를 받아들이겠습니다.

RLB: 충고를 받아들인 것 같은데, 상황이 변했고, 지금 당신이 무엇을 했는지 정확히 알아야 한다는 많은 요구가 있음을 알고 마음을 바꾸어야 한다고 생각합니다. 여기서 당장 대답할 필요는 없지만, 그것에 대해 생각해 보기 바랍니다.

루루와 나나의 출생은 분명 유전자 편집의 역사에 새로운 획을 긋는 일이었기 때문에, 허 젠쿠이가 제2차 인간 유전체 편집 국제 정상회담에서 쌍둥이 소녀에 대한 데이터를 발표한 지 몇 시간 안 되어 그의 슬라이드를 찍은 사진들이 이미 트위터에 유포되고 있었다. 과학자들은 이 연구를 면밀히 조사했고, 해소되지 않은 모든 의문점들을 지적했다.

학계의 발표와 비판은 보통 학술지를 통해 이루어진다. 그러나 허 젠쿠이는 동영상과 언론 보도를 통해 별다른 정보를 포함하지 않은 내용만을 공개했고, 아직 동료 심사 학술 문헌을 통해 발표하지 않았기 때문에 그가 무엇을 어떻게 했는지 자세한 내용을 알 수 없었다. 따라서 그것을 독립적으로 검증하거나 평가할 수 없었다. 참여자 보호라는 측면에서 유전자 변형 아기들 부모의 신원도 밝힐 수 없었다.[1] 초기에 정보가 제대로 공개되지 않은 답답한 상황을 지적하며 마드리드 국립 생명공학센터의 유이스 몬톨리우(Lluis Montoliu)는 "나는 허 젠쿠이에게 그가 한 내용과 방법에 대해 정확히 이야기하라고 요구하고 싶다. 그래야 우리는 실험의 영향을 평가할 수 있을 것이다"라고 말했다.[2]

제2차 인간 유전체 편집 국제 정상회담에서 매튜 포투스는 허 젠쿠이에게 과학계가 데이터에 접근할 수 있도록 바이오리시브와 같은 공개 포럼에 자신의 작품을 올릴 의향이 있는지 물었다. 허 젠쿠이는 그의 원고를 검토한 학술지가 논문이 동료 검토를 통과하기 전까지는 바이오리시브에 어떠한 것도 게시하지 말라고 충고했다고 말했다. 그는 투고한 학술지를 특정하지는 않았다. 허 젠쿠이는 또한 〈와이어드〉(WIRED)의 논평 요청에도 응하지 않았다.[3]

허 젠쿠이의 연구 결과는 모 학술지에 투고되었지만 아직 동료의 심사와 출판이 이루어지지 않았기 때문에 그의 유전자 편집이 성공했는지 여부를 판단할 수는 없다. 하지만 원고를 본 과학자들은 이 원고가 동료 검토를 조만간 통과할 수 있을지 확신하지 못하고 있다. 키란 무슈누루는 그가 본 데이터에서는 최소한 1개 태반에서 모자이크현상이 나타났고, 1개 배아에서 표적 이탈이 나타났다고 했다. 그러나 태반 시료에서는 표적 이탈이 나타나지 않았다. 키란 무슈누루는 인간 배아를 편집한 기존 연구자들과 같은 연구를 반복하고 있을

뿐이어서 과학 발전에 이바지하는 것으로는 생각하지 않는다고 했다.[4]

허 젠쿠이가 홍콩에서 열린 인간 유전체 편집 국제 정상회담에서 발표를 하긴 했지만 여전히 의구심은 말끔하게 가시지 않았다. 허 젠쿠이의 연구는 과학적으로는 원래 의도한 돌연변이를 일으키기 못했으며, 표적이탈효과나 모자이크현상도 제대로 확인하지 못했다. 윤리적으로는 의학적 필요성을 충족하지 못했고, 고지동의를 받는 과정에서도 결함이 많이 발견되었다. 여러 면에서 이 연구는 허접하고 완벽하지 않았다.

2018년 11월 말 허 젠쿠이는 〈네이처〉에 유전자 편집 아기 논문과 함께 CCR5 유전자 변형에 관한 논문을 제출했는데, 이 유전자는 허 젠쿠이가 HIV 감염으로부터 아기들을 보호하기 위해 변형시켰다고 주장한 것과 동일한 유전자이다. 〈사이언스 트랜스레이셔널 메디슨〉에 제출한 논문에서는 혈류 내 콜레스테롤 수치를 조절하는 데 도움이 되는 단백질을 암호화하는 PCSK9 유전자를 변형시켰다. 두 논문 모두 윤리적·과학적 우려로 인해 게재가 거부되었다.[5]

실제로 허 젠쿠이의 연구는 합법성을 충족하지 못했기 때문에 출판되지 못할 가능성이 더욱 커지고 있다. 그리고 그것은 허 젠쿠이가 마땅히 받아야 할 학문적 정의의 심판일지도 모른다. 하지만 그것은 또한 과학 출판에 내재된 다루기 힘든 긴장감을 조성하고 있다. 나쁜 연구를 감시하기 위해서는 검열이라는 비용을 치러야 한다.[6]

과학 정보를 신속하게 제공하기 위해 2013년 콜드스프링하버연구소의 과학자들은 바이오리시브를 시작했다. 바이오리시브에 투고된 원고는 비과학적 결과나 표절 자료, 그리고 활동가나 AI의 원고 등을 걸러 내는 신속한 선별 과정을 거친다. 인간 관련 연구 결과를 올리고자 하는 과학자들은 등록된 임상시험 ID를 제시해야 하는데, 이 것은 이 연구가 어떤 형태로든 윤리적 심사를 거쳤음을 의미한다. 허 젠쿠이의 크리스퍼 아기 연구는 중국의 임상시험등록부에 등재되었지만 엄밀히 말해 여러 면에서 규정을 위배한 것으로 생각된다.

바이오리시브는 비윤리적인 연구를 지지하거나 장려하는 것처럼 보이는 플랫폼을 제공하는 것이 아니라는 입장을 분명히 취하고 있다. 메이오 클리닉의 스티븐 엑커트(Steven Eckert)는 원고의 바이오리시브 게재 여부에 대해 "바이오리시브 열광자들에게는 미안하지만, 윤리 목록을 우선 점검해야겠다. 허 젠쿠이에게 확성기를 주는 일은 그만두어야 한다. 그렇지 않으면 다른 사람들도 따라할 것이다"라고 선을 그었다. 그러나 그의 연구가 어디에서도 출판되지 못한 상태로 남는다면 연구가 완전하게 공개적으로 분석되기는 어려울 것이라는 점이 딜레마다.[7]

쌍둥이의 출생을 공개하기 전, 허 젠쿠이는 치료적 보조 생식 기술에 대한 다섯 가지 핵심 원칙을 요약한 관점 논문을 출판했다. 허 젠쿠이는 유전자 편집된 배아를 착상시키고 나서 연구의 윤리적 정당성을 억지로 만들어 내고 홍보하려 했을지도 모른다. 홍보 컨설턴트인 라이언 페렐이 공동 저자 중 한 명이라는 사실이 그 점을 시사한다.

이런 배경에서 보면 허 젠쿠이가 루루와 나나를 세상에 소개하는 것과 동시에 다섯 가지 핵심 윤리 원칙을 발표한 것은 이해가 간다.[8]

이 연구는 크리스퍼 연구와 논평, 그리고 토론을 전문으로 하는 2018년에 처음 발간된 학술지 〈크리스퍼 저널〉(*The CRISPR Journal*)에 실렸다. 이 학술지의 수석 편집장 로돌프 바랑고(Rodolphe Barrangou)는 그 연구가 시의적절하고 흥미롭다고 판단했다. 연구윤리 지침을 다룬 논문은 많은 편이지만 중국 연구자들의 입장은 잘 알려지지 않았기 때문이다. 또한 허 젠쿠이의 원고는 공적인 사용을 염두에 둔 지침 초안으로 판단되었다. 이 논문은 동료 학자들의 심사를 거친 후 게재가 승인되었고 전문 편집을 거치며 두 차례의 수정을 통해 게재되었다. 허 젠쿠이는 인간 연구와 윤리에 대한 경험이 전혀 없었기 때문에 편집팀은 용어와 내용을 개선하느라 애를 먹었다.[9]

이 논문에서 허 젠쿠이와 그의 동료들은 "종교적 신념, 문화, 공중보건 문제에 근거해 전 세계의 지역 사회가 공유하고 현지화할 수 있는 생식세포 유전자 편집의 임상 응용을 체계화하고, 안내하고, 제한하는" 윤리 원칙 초안을 발표했다. 허 젠쿠이는 제2차 인간 유전체 편집 국제 정상회담 직전에 발표한 "치료적 보조생식기술*의 윤리 원칙 초안"이라는 논문에서 밝힌 다섯 가지 핵심 원칙 중 첫 번째 원칙에서도 "필요한 가정에 대한 자비"를 강조했다. "망가진 유전자, 불임, 또는 예방할 수 있는 질병이 삶을 소진시키거나 사랑하는 부부의 결합을 저해해서는 안 된다. 몇몇 가족에게 있어 조기 유전자 수술은 유전질환을 치료하고 평생의 고통으로부터 아이를 구할 수 있는 유일한 방법이다"라고 주장했다.[10]

---

* 보조생식기술(assisted reproduction technologies): 임신을 시작하기 위해 자연적인 방법이 아닌 체외에서 생식세포를 조작하는 기술.

제11장____자료의 공개와 논문 출판   142

또한 이 원칙들은 허영심이 아니라 중병에 대해서만, 아이의 자율성을 존중하며, 유전자 결정론에 빠지지 않고, 유전병으로부터 자유를 누리도록 생식세포 유전체 편집을 임상에 적용해야 한다고 밝히고 있다. 이 논문은 쌍둥이 아기들의 소식이 전해지기 훨씬 전에 투고되었고, 제2차 인간 유전체 편집 국제 정상회담에서 유전체 편집에 대해 논의할 때 사용할 수 있도록 온라인으로 신속하게 출판되었다. 그리고 마침내 제2차 인간 유전체 국제 정상회담 전날인 11월 26일 온라인에 게재되었다. 그 무렵에 바랑고 편집장은 허 젠쿠이가 비밀리에 수행한 연구에 대해 어렴풋한 소문을 듣게 되었다. 편집진은 논문을 제외시킬지 여부를 논의했지만, 결국 그 당시에 이용할 수 있는 정보를 근거로 할 때 그 논문을 게재 거부할 이유가 없다고 결정했다.[11]

　이후 로돌프 바랑고와 편집진은 그 결정을 재고할 수밖에 없게 되었다. 우선 허 젠쿠이는 저명 학술지의 일반 관행인 이해 상충을 공개하지 않았으나 다이렉트 지노믹스와 비에노믹스라는 두 회사의 재정 지분을 가지고 있다는 점이 확인되었다. 두 회사 모두 유전자 편집에는 관여하지 않는다. 홍콩에서 이러한 누락에 대한 질문을 받자 위스콘신 대학교의 저명한 생명윤리학자 알타 차로(Alta Charo)는 "한 가지 문제점은 그 논문에는 그의 실험이나 재정적인 개입에 대한 정보가 전혀 들어 있지 않았다는 것이다. 나는 개인적으로 실망했다"고 말했다.

　편집자들은 저자들이 잠재적인 이해 상충을 인정하기를 기대했다. 편집자들은 그 논문에 첨부하기 위해 저자들로부터 완벽하게 업

데이트된 공개적 입장을 기다렸다. 저자들은 또한 생식세포 편집은 물론 어떤 임상 연구에도 관여했음을 공개하지 않았지만 편집자들은 논문이 발간되기 전인 11월 초에 이미 저자들이 중국 임상등록부에 임상시험을 등록했다는 사실을 알았다. 인간 연구에 대한 지침을 제안하기 위해 과학적이고 도덕적인 강령을 작성하기 훨씬 전에, 논란이 되고 있는 인간 연구를 적극 추구하고 있었다는 사실이 그 이후 밝혀졌다. 종합해 보면, 저자들은 의도적으로 이 정보들을 누락한 것으로 보인다.[12]

이 논문은 허 젠쿠이 연구진의 일반적인 견해를 살펴볼 수 있는 단서를 제공하기 때문에 특별한 가치를 갖는다고 할 수 있다. 하지만 허 젠쿠이는 자신이 공개적으로 표현한 윤리적 입장에 위배되는 행동을 했다.[13] 다른 과학자에게는 신중하게 접근해야 한다고 하면서 동시에 자신은 기술적·윤리적 문제가 채 정리되지 않은 생식 목적의 배아 유전체 편집을 실시했다. 또한 인간을 대상으로 한 연구에 대한 지침을 주기 위해 투명성과 중대한 의학적 필요성이 위험을 능가할 경우에만 임상 연구가 수행되어야 한다는 도덕적이고 과학적인 강령을 작성하기 훨씬 전부터 논쟁적인 연구를 적극 추진하고 있었다는 것이 명백해졌다. 로돌프 바랑고는 "게재를 철회해야 하는지 결정하기 위해 학술지가 감사를 진행하고 있다" "저자들이 한편으로는 연구가 이루어져야 하는 윤리적 입장을 제시하고 다른 한편으로는 적어도 이 다섯 가지 원칙 중 두 가지를 어긴 행동을 한 것은 당혹스럽다"고 덧붙였다.[14]

결국 〈크리스퍼 저널〉의 편집진은 이해관계 및 임상시험의 미공개를 이유로 다음과 같이 이 논문의 게재를 철회하는 입장을 밝혔다.

이 논문은 원래 저자들이 제시한 이해 상충이 전혀 없다는 정보와 함께 출판되었다. 편집자들은 몇 주 동안 이메일을 통해 허 젠쿠이와 교신했고, 그는 자금 출처, 회사 관련성, 특허 출원 및 임상시험 등록에 관한 최신 정보를 자발적으로 제공했다. 하지만 그후 허 젠쿠이가 여러 번의 임신과 두 번의 출산을 초래한 인간 배아의 생식세포 편집과 관련된 임상 연구를 수행했다는 사실이 널리 보도되었다. 이는 허용되는 생명윤리 국제 규범과 자국의 규정에 위배되는 것이 확실하다. 이 연구는 논문에서 개진된 의견과 직접적으로 관련이 있다. 저자들은 이 임상 연구를 미공개하여 원고의 게재 여부를 고려하는 데 명백한 영향을 미쳤다.[15]

1) Mohammed Abdul Kalam, "Controversy surrounding gene-editing of babies", (2018. 12. 11.), http://www.theindependentbd.com/post/178335

2) Kevin Davis, "He said what now?", The CRISPR Journal 1(6), 2018, 358-362.

3) Megan Molteni, "How do you publish the work of a scientific villain?", WIRED (2018. 12. 11.), https://www.wired.com/story/how-do-you-publish-the-work-of-a-scientific-villain/?fbclid=IwAR0gwwwQgc1uUT1msIuW-iiKQ4CaPD3AP-bWrVi6GqsKANgkW43Uh_03PQWg

4) Lila Tulin, "What's new and what's not in the reported birth of the CRISPR babies", Smithonian.com (2018. 12. 3.), https://www.smithsonianmag.com/science-nature/whats-new-whats-not-reported-birth-crispr-babies-180970935/

5) Jane Qiu, "American scientist played more active role in 'CRISPR

babies' project than previously known", STAT (2019. 1. 31.), https://www.statnews.com/2019/01/31/crispr-babies-michael-deem-rice-he-jiankei/

6) Megan Molteni, "How do you publish the work of a scientific villain?", WIRED (2018. 12. 11.), https://www.wired.com/story/how-do-you-publish-the-work-of-a-scientific-villain/?fbclid=IwAR0gwwwQgc1uUT1msIuW-iiKQ4CaPD3APbWrVi6GqsKANgkW43Uh_03PQWg

7) Megan Molteni, "How do you publish the work of a scientific villain?", WIRED (2018. 12. 11.), https://www.wired.com/story/how-do-you-publish-the-work-of-a-scientific-villain/?fbclid=IwAR0gwwwQgc1uUT1msIuW-iiKQ4CaPD3APbWrVi6GqsKANgkW43Uh_03PQWg

8) Matthias Braun, Darian Meacham, "The Trust. Game. CRISPR for human germline editing unsettles scientists and society", EMBO Reports, 2019, e201847583.

9) Megan Molteni, "Scientist who crispr'd babies bucked his own policy", WIRED (2018. 11. 27.), https://www.wired.com/story/he-jiankui-crispr-babies-bucked-own-ethics-policy/

10) He Jiankui, Ryan Ferrell, Chen Yuanlin, Qin Jinzhou, Chen Yangran, "Draft ethical principles for therapeutic assisted reproductive technologies", The CRISPR Journal (2018. 11. 26), DOI: 10.1089/crispr.2018.0051 (retracted).

11) Rodolphe Barrangou, "CRISPR crossroads for genome editing", The CRISPR Journal 1(6), 2018, 349–350.

12) Julianna LeMieux, "He Jiankui's genome editing ethics article retracted by The CRISPR Journal", Genetic Engineering & Biotechnology News (2019. 1. 20.), https://www.genengnews.com/insights/he-jiankuis-germline-editing-ethics-article-retracted-by-the-crispr-journal/

13) Megan Molteni, "Scientist who crispr'd babies bucked his own policy", WIRED (2018. 11. 27.), https://www.wired.com/story/he-jiankui-crispr-babies-bucked-own-ethics-policy/

14) Megan Molteni, "Scientist who crispr'd babies bucked his own policy", WIRED (2018. 11. 27.), https://www.wired.com/story/he-jiankui-crispr-babies-bucked-own-ethics-policy/

15) "Retraction of: Draft ethical principles for therapeutic assisted reproductive technologies by He, J et al., CRISPR J 2018; fast track", The CRISPR Journal (2018. 2. 21.), DOI: 10.1089/crispr.2018.0051.retract.

12

동의 과정

안나 미들턴(AM): 안녕하세요, 나는 안나 미들턴(Anna Middleton)이고 케임브리지 웰컴 유전체 캠퍼스에 있는 사회와윤리연구소의 책임자입니다. 나는 또 유전 상담사이고 고지동의 과정에 관심이 많습니다. 그래서 당신이 공유하고자 하는 동의서가 네 명의 사람들에 의해 검토되었고, 약 10분간 환자들과 대화를 나누었다고 나는 이해했습니다. 영국에서 일반 대중은 약 10세 전후의 평균 독서 능력을 보이며, 대다수의 대중은 유전체라는 단어를 이해하지 못합니다. 나는 그 대화에서 무슨 일이 있었는지, 그리고 당신이 그 위험들이 무엇인지 어떻게 설명했는지, 그리고 당신은 그들이 실제로 이해했다는 증거를 가지고 있는지에 대해 관심이 많습니다.

HJ: 나는 그 점을 설명할 수 있습니다. 첫째, 당신은 10분이라고 생각한다고 했는데, 나는 그것을 적어도 1시간 10분이라고 정정하겠습니다. 그리고 이 부부들과 두 명의 옵서버가 참석한 회의실에 있었고, 그들은 동의하기 훨씬 전에 동의서 양식을 부부들에게 건네주었습니다.

AM: 당신은 그들이 읽을 수 있다는 것을 어떻게 알 수 있었습니까? 당신은 그들이 그것을 읽고 이해할 수 있다는 것을 알고 있었습니까?

RLB: 또 당신은 그들이 당신이 말한 것을 이해할 수 있다는 것을 알고 있었나요?

HJ: 그렇습니다. 나는 그렇게 교육받았습니다. 맞아요. 그래서 나는 1쪽에서 20쪽까지 행별로, 문단별로 설명했습니다. 설명 도중에 그들은 무엇이든 질문할 권리가 있었습니다. 그래서 끝까지 전체 고지동의서 양식을 읽고 난 다음 그들에게 그들이 읽은 것에 대해 사적으로 논의할 시간을 주고, 당일 결정하거나 아니면 그것을 집으로 가져가서 나중에 결정할 수 있도록 했습니다.

AM: 그래서 당신 연구팀의 누군가가 실제로 동의를 얻는 훈련을 받았습니까? 아니면 여러분이 이것에 대해 실제로 대화를 나눈 것이 이번이 처음이었습니까?

RLB: 동의에 참여한 연구팀 중 누군가가 동의를 얻는 과정에 대해 훈련을 받았습니까? 그들은 필요한 과정에 참여하는 훈련을 받았습니까?

HJ: 나는 두 번에 걸쳐 고지동의를 받았다고 말했습니다. 동의를 받은 첫 번째 사람은 연구진의 구성원입니다. 그것은 예상 연구 참여자에게 말로 설명하는 일종의 비공식적인 대화였습니다. 고지동의에 대한 초안을 작성할 때도 그랬지만, 나는 고지동의에 대한 미국 국립보건원의 지침에 따라 직접 설명했습니다.

'동의'는 연구 참여자의 연구 참여에 대한 의사결정으로서, 필요한 정보를 제공받고 그 정보에 대해 적절하게 이해하며 정보를 고찰한 후 외부의 압력, 강요, 유도 또는 협박을 받지 않은 상태에서 결정을 내릴 수 있는 개인이 할 수 있다. 동의는 개인에게 연구 참여 여부에 대한 자유로운 결정권을 부여한다는 원칙에 기초한다. 따라서 동의 과정에서는 개인의 선택의 자유 및 자율성을 존중해야 한다. 어린아이, 정신지체자, 행동장애자, 의학 개념이나 기술에 문외한인 자는 적절한 동의를 하는 능력에 한계를 보이므로 부모나 보호자 등이 이들을 대신 보호할 수 있는 장치가 필요하다.

국제의학기구협회와 세계보건기구가 제정한 '사람을 대상으로 하는 생명의학 연구에 대한 국제 윤리 가이드라인'에 따르면 "사람을 대상으로 하는 모든 생명의학 연구 수행 시 임상시험자는 반드시 연구 참여자에게 자발적 동의를 받아야 하며, 동의를 할 수 없는 연구 참여자의 경우 법적 대리인에게 동의를 받아야 한다. 동의는 면제되는 경우가 거의 없으며, 예외는 인정되지 않는다. 동의의 내용은 항상 윤리심사위원회의 승인을 받아야 한다."[1]

당연히 유전자 변형 배아 상태의 아기로부터는 동의를 받을 수 없기 때문에 예비 부모에게 고지동의를 받게 되는데, 이는 통상적인 보조생식기술의 경우와 마찬가지로 정당하다고 간주된다. 하지만 통상적인 보조생식기술보다 침습적*인 배아 유전체 편집에서는 안전성이 통상적인 보조생식기술과 동일하게 확보되거나, 부모와 태어날 아이의 이익이 아이에게 미칠 위험을 능가할 때 부모의 대리 동의가 정당화될 수 있다.[2]

동의를 받는 것은 예상 연구 참여자를 처음 접촉할 때부터 시작되어 연구 과정 동안 계속되는 절차이다. 예상 연구 참여자에게 정보를 제공하고 반복해 설명하며 그들이 제기한 질문에 대답하고 각 개인이 각각의 절차를 이해하는 것을 확인함으로써, 임상시험자는 그들의 동의를 얻고 그렇게 하는 데 있어 연구 참여자의 인권과 자율성을 분명히 존중해야 한다. 각 개인에게 가족 또는 다른 사람과 상의할 시간을 포함해 시험 참여 여부를 결정하는 데 필요한 충분한 시간을 주어야 한다. 동의 절차를 위해 적절한 시간과 자원이 확보되어야 한다.[3]

허 젠쿠이는 처음에는 10분 동안 동의 내용에 대해 설명했다고 발

---

* 침습적(invasive): '비침습적인 것'의 반대 의미로, 피험자에게 상처 등 상당한 부담을 주는 방법.

표했으나 이후 1시간 10분으로 정정했다. 그러나 실제로 그가 얼마 동안 동의 내용에 대해 설명했는지는 알 수 없다.

개개 연구 참여자에게 정보를 전달할 경우 단순히 문서에 있는 내용을 의례적으로 낭독해서는 안 되며, 임상시험자는 반드시 개개인의 이해 수준에 맞는 적절한 언어로 구두 또는 서면으로 정보를 전달해야 한다. 임상시험자는 예상 연구 참여자가 동의하는 데 필요한 정보를 이해하는 능력이 개인의 성숙도, 지능, 교육 및 신념에 따라 다르다는 것을 명심해야 한다. 이는 임상시험자의 능력, 그리고 인내 및 책임감을 갖고 기꺼이 전달하려는 마음가짐에 달렸다.

임상시험자는 연구 참여자가 관련 정보에 대해 적절하게 이해했는지 반드시 확인해야 한다. 임상시험자는 연구 참여자 개인별로 충분히 질문할 기회를 주어야 하며, 질문에 대해서는 정직하고 신속하며 완벽하게 답해야 한다. 때로 임상시험자는 정보가 적절하게 이해되었는지를 판단하기 위해 다양한 방법으로 확인할 수 있다.

허 젠쿠이는 "1쪽에서 20쪽까지 행별로, 문단별로 설명했습니다. 설명 도중에 그들은 무엇이든 질문할 권리가 있었습니다. 그래서 끝까지 전체 고지동의서 양식을 읽고 난 다음 그들에게 그들이 읽은 것에 대해 사적으로 논의할 시간을 주고, 당일 결정하거나 아니면 그것을 집으로 가져가서 나중에 결정할 수 있도록 했습니다"라고 답변하며 연구 참여자들의 동의를 얻은 과정을 설명했지만, 그의 고지동의 과정은 매우 의심스러웠다.

잠시 홈페이지에 게재되었다 사라진 임상시험 동의서에는 그가 구두 발표 후 답변한 것과 달리 표적이탈효과나 모자이크현상 등 부작용에 대한 내용이 기재되어 있지 않았으며, 웨스트나일바이러스와 인플루엔자 같은 다른 바이러스에 대한 취약성 증가 가능성을 포함해 CCR5 유전자를 비활성화하는 데 수반되는 위험에 대한 언급도 없었다.[4]

참여자들에게 제공한 동의서 양식은 영어로만 씌어졌고, 전문적인 단어로 가득 찬 23쪽 분량의 문서였다고 한다. 허 젠쿠이는 그의 환자들이 교육 수준이 높고 유전자 편집 기술에 대해 이미 잘 알고 있었다고 말했다. 그러나 어떤 보도에 의하면 실험을 중도에 포기한 사람 중 한 명은 생물학 이해 수준이 고등학생 정도에 불과했고, 허 젠쿠이의 실험에 대한 뉴스가 보도되고서야 '유전자 편집'이라는 말을 처음 들었다고 했다. 그 남자는 표적이탈효과의 위험이나 유전자 편집이 금지되고 윤리적으로 논란이 되는 기술이라는 정보를 제공받지 못했다고 주장했다.[5]

임상시험은 환자를 치료하는 것이 아니라 일반적인 지식을 얻는 연구 목적으로 수행된다는 사실을 주지시켜야 한다. 그러나 환자는 해당 임상시험이 확실한 치료 효과를 가져온다는 보장이 없다는 점을 명시해도 이를 이해하지 못하거나 치료로 착각하는 경우가 많다. 허 젠쿠이는 동의서에 임상시험이 환자에게 도움이 될 것이라고 표현해, 피해야 할 혼동을 오히려 조장했다.

이처럼 연구자 측에서 '치료와의 혼동'을 의식적·무의식적으로 조장하는 경우도 있다. 동의서나 연구 참여자 광고에 불치병이나 난치병을 가진 환자가 치료에 유익하리라는 환상을 가지게 하거나 객관적 증거보다 더 많이 치료에 대한 기대를 가지게 하며 연구 참여자를 모집하는 경우가 있다. 그러므로 치료와의 혼동을 막기 위해 기관윤리심의위원회 위원은 예상 연구 참여자를 모집하는 광고 및 동의서의 모든 문건을 신중하게 검토해야 한다.

허 젠쿠이의 실험에서는 이런 과정이 생략되었다. 임상시험등록부에 기재된 연구 과제의 정식 명칭은 "유전자 편집 인간 배아 CCR5 유전자의 안전성과 유효성 평가"였는데, 동의서에 기재된 과제 명칭은 "에이즈 시험 백신 시험"이라고 표기되어 있었다. 허 젠쿠이의 지도교수였고 이 프로젝트에서 그와 함께 일했던 마이클 딤은 동의서 양식이 치료의 성격을 "비전문가의 용어"로 설명한 것이라고 해명했다.[6]

남편이 HIV에 감염된 부부라면 에이즈 백신 시험으로 묘사된 동의서 양식에 서명할 가능성이 높다. 따라서 동의서는 과제 명칭을 의도적으로 왜곡함으로써 남편이 HIV에 감염된 부부를 연구 참여자로 유인했다고 볼 수 있다. 이는 임상시험 의뢰자와 임상시험자는 부당한 속임수를 사용하지 말아야 한다는 의무를 위배한 것이다. 또한 허 젠쿠이가 사용한 동의서 양식은 동의서가 아니라 회사가 하도급 계약을 할 때 사용하는 계약서 양식이라고 켈리 힐스는 말한다. 예를 들어 가능한 위험에 대한 항목에서는 CCR5를 비활성화하는 데 따른 부작용에 대해 아무것도 언급하지 않고 대신 실험에서 발생하는 문제에 대해 허 젠쿠이의 연구진이 법적 책임을 면하는 데에만 초점을 맞추었다. 이 양식에서는 또 그의 연구진에게 잡지, 달력, 광고판, 선전, 제품 포장, 그리고 자동차나 엘리베이터의 포스터에 아이들 사진을 사용할 수 있는 권리를 부여했다.[7]

연구 가이드라인에 따르면, 연구 참여자는 연구 참여로 인해 감소된 소득, 여행 경비 및 기타 비용을 보상받을 수 있다. 연구 참여자, 특히 연구로부터 직접적 이익을 얻지 못하는 사람도 지급받을 수 있고, 그렇지 않을 경우 불편함과 시간 소비에 대한 보상을 받을 수 있다. 그러나 지급액이 너무 많아도 안 되고, 예상 연구 참여자가 현명한 판단을 거슬러 연구 참여에 동의하도록 유도하기 위해 너무 과도한 의료 서비스를 제공해서도 안 된다. 연구 참여자에게 제공되는 모든 지불, 보상 및 의료 서비스는 윤리심사위원회의 승인을 받아야 한다.

그러나 이 같은 가이드라인에도 불구하고 허 젠쿠이는 부모들을 부적절하게 유인했다. 동의서에는 "임상시험에서 발생하는 모든 비용은 프로젝트 팀이 부담한다. 그것은 숙박비, 근무시간 손실 비용, 결제비, 보험비 등 28만 위안(우리 돈으로 4800만 원 정도)이다"로 표현되어 있다. 그는 예비 부모에게 임상시험 시 시험관 수정 비용, 보조 치료 비용, 그리고 일당을 지급하겠다고 통보했다. 허 젠쿠이는 통상적으로 발생하는 비용 외에도 시험관 수정의 시술 비용인 대도시 노동자 연평균 급여의 두 배 액수를 지원하며 무료 시술을 제안했는데, 이것도 아마 매력적인 변수로 작용했을 것이다. 이는 부모들이 위험성과 이익에 대해 합리적으로 결정하는 것을 방해하는 상당히 커다란 유인책이 될 수 있다.[8]

허 젠쿠이는 그러나 예산을 초과하는 비용은 연구 참여자가 부담하며 참여자가 연구 후반에 탈퇴하면 그들에게 지불한 돈을 환불해야 한다는 조건을 달았다. 또한 연체 시에는 10만 위안(1700만 원 정도)의 추가 비용을 변제해야 했다. 비용을 상환해야 하는 조건과 추가 비용 위협은 연구 참여자가 언제라도 시험에서 빠져나올 수 있는 자유를 심각하게 훼손시켜 인간 대상 연구 관련 연구 원칙에 위배되는 것이었다.[9][10]

의료윤리학자들이 보기에 이런 점들은 참여자가 임상시험에서 언제든 빠져나올 수 있는 자유를 심각하게 훼손해 인간 대상 관련 연구에 대한 온전성의 원칙을 위반하는 등 몇 가지 위험한 요소를 포함하고 있었다.[11] 헬싱키 선언에 따르면, 연구 참여자들은 언제라도 보복을 받지 않고 자유롭게 연구로부터 벗어날 수 있는 권리를 갖는다. 전 세계 많은 과학자들로부터 광범위한 비난을 초래한 것은 이런 문제들 때문이다. 허 젠쿠이가 자신의 임상시험에 대해 발표한 제2차 인간 유전체 편집 국제 정상회담의 조직위원회는, 허 젠쿠이의 임상시험 동의 과정이 무책임했고 국제 규범을 따르지 않았다고 발표했다.[12]

1) 김옥주, "생명과학연구자들을 위한 인간 대상 연구윤리: 현황 분석 및 교육자료 개발" (한국보건산업진흥원, 2007), 271쪽, http://bprlib.kr/CORE/?moduleName=_core.LasSearchDetail&control_no=4569.

2) 최병인, "생명과학 연구윤리" (지코사이언스, 2009), 123-126쪽.

3) 김옥주, "생명과학연구자들을 위한 인간 대상 연구윤리: 현황 분석 및 교육자료 개발" (한국보건산업진흥원, 2007), 271쪽, http://bprlib.kr/CORE/?moduleName=_core.LasSearchDetail&control_no=4569

4) Megan Molteni, "How do you publish the work of a scientific villain?", WIRED (2018. 12. 11.), https://www.wired.com/story/how-do-you-publish-the-work-of-a-scientific-villain/?fbclid=IwAR0gwwwQgc1uUT1msIuW-iiKQ4CaPD3AP-bWrVi6GqsKANgkW43Uh_03PQWg.

5) Ed Yong, "The CRISPR baby scandal gets worse by the day",

The Atlantic (2018. 12. 3.), https://www.theatlantic.com/science/archive/2018/12/15-worrying-things-about-crispr-babies-scandal/577234/

6) "Designer baby steps: World's first 'gene-edited' children born in China", RT (2018. 11. 27.), https://www.rt.com/news/444872-gene-edited-babies-china/

7) Ed Yong, "The CRISPR baby scandal gets worse by the day", The Atlantic (2018. 12. 3.), https://www.theatlantic.com/science/archive/2018/12/15-worrying-things-about-crispr-babies-scandal/577234/

8) Charlotte Jee, "A second CRISPR pregnancy is already under way, claims Chinese scientist", MIT Technology Review (2018. 11. 28.), https://www.technologyreview.com/the-download/612484/a-second-crispr-pregnancy-is-already-under-way-claims-rogue-chinese-scientist/

9) Jing-ru Li, Simon Walker, Jing-bao Nie, Xin-qing Zhang, "Experiments that led to the first gene-edited babies: the ethical failings and the urgent need for better governance", Journal of Zhejang University-Science B, 20(1), 2019, 32-38.

10) Amit Katwala, "The Chinese CRISPR baby debacle takes another dark turn", WIRED (2018. 11. 29.), https://www.wired.co.uk/article/chinese-crispr-baby-he-jiankui

11) Jing-ru Li, Simon Walker, Jing-bao Nie, Xin-qing Zhang, "Ex-

periments that led to the first gene-edited babies. the ethical failings and the urgent need for better governance", Journal of Zhejang University-Science B, 20(1), 2019, 32-38.

12) Clare Wilson, "Gene-editing experiment widely criticised for safety and ethics issues", New Scientist (2018. 12. 5.), https://www.newscientist.com/article/mg24032073-800-gene-editing-experiment-widely-criticised-for-safety-and-ethics-issues/

13

연구 자금의 출처

RLB: 이것은 언론의 질문입니다. 이 연구의 자금 출처에 대해 설명해 주시겠습니까?

HJ: 내가 이 연구를 시작했을 때 재원은 충분했습니다. 나는 3년 전에 전임상 연구를 시작했는데, 대학에서 월급과 전임상 연구의 모든 비용을 지불했습니다. 그후 임상 연구로 옮겨 가면서 환자들의 의료비용은 전부 나 혼자 지불했습니다. 그리고 대학에서의 창업자금으로 약간의 시퀀싱 비용을 지불했습니다.

RLB: 네, 당신이 회사에 관여하고 있는 건 알지만, 분명 그 기업체나 회사가 자금을 조달해 이 프로젝트에 관여하지는 않았겠지요?

HJ: 우리 회사는 지원금을 제공하거나 장비나 공간 제공 등을 통해 이 프로젝트에 관여하지 않았습니다.

RLB: 그러면 부부들은 무엇을 받았나요? 아니면 어디서 돈 대신에 어떤 것을 받은 것이 있습니까?

HJ: 그러니까 그건 동의서 양식에 모두 씌어 있습니다. 말씀드린 대로 우리가 모든 의료비를 지불했고, 그들은 그것 이외의 돈은 받지 못한다는 것입니다.

동의서 양식에는 남방과기대학이 연구비를 지원했다고 적혀 있으나, 대학은 쌍둥이 출생에 대한 연구를 전혀 알지 못한다고 부인했다. 허 젠쿠이도 남방과기대학의 창업자금으로 충당한 일부 시퀀싱 비용 외에는 전체 과정에 대한 비용을 스스로 지불했다고 밝혔다.[1]

허 젠쿠이가 제2차 인간 유전체 편집 국제 정상회담에서 제시한 슬라이드 자료, 환자 동의서, 중국 임상시험등록부에 따르면, 과학기술부와 선전 시 정부 소속 기관인 선전과학기술혁신위원회, 그리고 그가 재직했던 남방과기대학이 유전자 편집 연구비를 지원했을 가능성이 있다. 이러한 증거는 허 젠쿠이가 유전자 편집 아기의 출생을 발표한 이래 많은 연구자들이 의심해 온 것을 뒷받침하는 것으로 보인다. 니에 징바오는 정부와 유착 관계 없이 허 젠쿠이 혼자서 일을 저지르기는 힘들었을 것이라고 말했다. 문건이 맞다면 비윤리적인 연구를 중국 당국이 지원했음을 시사한다.

그러나 지원 기관들이 보조금을 어떻게 사용할지 정확히 알고 있었는지 여부는 분명하지 않다. 연구비를 신청하는 과학자는 일반적으로 그 연구비의 사용 내역을 상세히 설명해야 한다. 허 젠쿠이는 그가 받은 연구비를 유전자 편집 아기를 위한 기초 연구에 사용했을 가능성이 있다. 과학기술부와 선전과학기술혁신위원회는 크리스퍼를 이용한 인간 배아 유전자 편집 전임상 연구에 연구비를 지원했다.

허 젠쿠이는 떠오르는 스타였고, 미국에서 박사학위를 받고 박사 후 연구를 마친 다음 2012년에 귀국한 이후 중국 정부로부터 후한 재정 지원을 받았다. 2017년 9월 허 젠쿠이는 중국의 국영 TV 뉴스 채널 CCTV13에 출연해 자신이 개발했다고 주장하며 전 세계에 충격을 주었다는 DNA 염기서열 장치를 선보였다. 실제로 이 TV 프로그램은 허 젠쿠이의 연구를 의미 있는 성취로 묘사하며 과학기술부가 발표한 성명서를 특집으로 다뤘다. 그러고 나서 과학기술부는 허 젠쿠이의 유전자 편집 아기들을 위해 기금을 제공한 것으로 보인다. 이 연구는 신생아들을 HIV 감염으로부터 보호하기 위해 배아의 CCR5 유전자를 편집하는 과정을 포함했으며, 자금 출처는 국가 핵심 연구 프로그램이었다.

중국 임상시험등록부에는 또 다른 지원 기관인 선전과학기술혁신위원회가 자금을 지원하는 프로그램인 선전과학기술혁신자유탐구프로젝트가 언급되어 있지만, 과학기술부나 남방과기대학에 대해서는 거론되지 않고 있다.

허 젠쿠이가 자신의 임상시험의 자금 출처에 대한 질문을 받았을 때, 그는 부분적으로 자신의 저축과 대학에 채용되었을 때 대학에서 제공한 정착자금을 활용했다고 말했다. 실제로 임상시험 참여자를 모집하는 안내서 양식에 남방과기대학은 지원 기관으로 등록되어 있었다.

허 젠쿠이는 또한 배아, 난자, 정자의 DNA를 변화시키는 등 생식세포 편집에 특화된 시험관 수정 클리닉을 설립하기 위해 하이난성 정부에 로비를 해 왔다.

일부 중국 연구자들은 허 젠쿠이가 신빙성을 높이기 위해 정부 연구비의 일부를 거짓으로 기재했을 수도 있다고 말한다. 중국 과학아카데미 상해생명과학연구원 신경과학연구소 소장 푸 무밍(Mu-Ming Poo)은 "정부 기관들이 공식적으로 유전자 편집 아기 프로젝트에 자금을 지원했다면 매우 놀랄 만한 일일 것"이라고 말했다. "그러나 허 젠쿠이는 다른 정부 연구비로 유전자 편집 아기들을 연구하는 재원을 마련했을 가능성이 있다. 왜냐하면 연구비 사용에 있어 유연성이 있기 때문이다."[2]

허 젠쿠이는 자신의 사업체가 유전자 편집 아기의 출산을 지원했다는 것을 전면 부인하고 있지만 과학계에서는 의심의 눈초리를 거두지 않고 있다. 환자들의 의료비용을 합산하면 약 200만 위안(우리 돈으로 3억 5천 만 원 정도)에 달하는데, 이 막대한 비용을 개인이 조달하기는 어렵고, 아무 조건 없이 이 비용을 사적으로 지불할 이유도 없기 때문이다. 허 젠쿠이는 답변에서 부인했지만 그의 사업체가 이 비용의 조달과 관련이 있을 수 있다.

유전자 편집 아기를 출산시킨 일이 사회적 지탄을 받자 병원과 대학, 그리고 다른 과학자들 모두 허 젠쿠이의 연구와 거리를 두었지만, 유전자 편집에 관한 허 젠쿠이의 연구는 이전에 많은 투자자들로부터 전폭적인 지원을 받았다. 〈사우스 차이나 모닝 포스트〉(*South China Morning Post*)에 따르면, 허 젠쿠이가 창업한 기업 중 두 곳이 중국과 국제 투자자들로부터 최소 6천 만 달러를 지원받았다고 한다.

첫 번째 유전자 변형 아기가 출생하기 전, 허 젠쿠이는 3세대 단일 분자 시퀀서를 개발해 2012년 다이렉트 지노믹스를 창업했다. 다이렉트 지노믹스는 2017년 전 세계에 수백 대의 시퀀서를 수출하며 후속 기기 제작을 본격화하고 있다고 발표했다. 다이렉트 지노믹스는 민간 투자뿐 아니라 선전의 지방 정부로부터 120만 달러의 재정 지원을 받았다. 허 젠쿠이는 다이렉트 지노믹스를 포함해 6개 기술 회사의 법적 대표이며, 다이렉트 지노믹스의 지분 45.5%를 보유한 선전 낭커 생명과학기술의 최대 주주다.

2019년 5월, 중국 관영 매체 〈차이나 유스 데일리〉(*China Youth Daily*)는 허 젠쿠이가 기업 경영에 전념하기 위해 2년간의 무급 휴직을 받았다고 보도했지만 그는 실제로는 3년간의 무급 휴직을 받았다고 말했다. 인터뷰에서 허 젠쿠이는 또한 자신이 보유한 상업 주식이 이 대학 교원들이 보유한 전체 상업 주식의 10-30%를 차지한다는 사실을 확인했는데, 이것은 이 대학이 그의 개인 사업과 재정적으로 연결되어 있음을 의미한다.

다수의 투자자로부터 최고액의 자금을 지원받고 있는 허 젠쿠이는 2008년 중국 정부가 최고 과학자들을 유치해 중국을 세계적 혁신 리더로 만들기 위해 시작한 베이징의 '천인계획'을 통해서도 많은 지원을 받았다. 천인계획은 주로 외국의 최고 기관들에서 공부하고 일한 엘리트 중국인 과학자, 학자, 연구원, 기업가를 국내로 유치하는 것을 목표로 했다. 그들은 중국 대학에서 최고의 자리를 제공받고 특히 중국에 노벨상을 안겨 줄 만한 분야에서 중요한 역할을 수행하도록 많은 예산을 배정받았다.

허 젠쿠이는 미국 라이스 대학교에서 훈련받고 스탠포드 대학교에서 박사후 연수 과정을 마친 후 2012년 천인계획의 일환으로 귀국했다. 그는 천인계획의 지원을 받아 유전자 편집에 대한 연구를 계속하고 윌리엄 헐버트와 제니퍼 다우드나 등 미국 전문가들에게 얻은 지식을 적용하기 위해 선전에 자신의 실험실을 설립할 수 있었다.[3]

유전자 편집 아기의 임상시험 연구비가 어떻게 마련되었는지는 여전히 미스테리로 남아 있다. 그러나 연구비 재원의 모호성은 오히려 기회가 될 수 있다. 사적으로 조달한 연구비는 재원을 어디에 사용했는지 내역을 밝힐 필요가 없고, 연구 결과는 고스란히 연구자 개인의 것이 되어 사적 이익을 창출할 수 있기 때문이다. 허 젠쿠이가 유전자 편집 아기를 만드는 방법 중 일부를 특허 출원했다는 사실이 이런 점을 부각시킨다.[4]

생명공학 회사와 제약 회사들은 이미 크리스퍼에 기반한 기술의 잠재적 이익에 눈독을 들이고 있다. 크리스퍼에 기반한 유전자 편집 기술이 발전하며 공적 지원을 받아 집단으로 개발한 결과를 상업화할 권리를 갖기 위해 치열한 특허권 경쟁이 촉발되었다. 마침내 MIT 그룹이 크리스퍼 특허를 독점 사용할 수 있는 권리를 획득했지만 여진은 계속되고 있다.[5] 유전자 편집 시장의 잠재적인 수익은 현재의 수십억 수준에서 2026년까지 수백억 수준으로 지속 성장할 것이다. 현재 크리스퍼 기반 유전자 시장은 생명공학 회사와 제약 회사, 연구 개발 기관을 중심으로 유전체 편집, 유전공학, 가이드RNA 데이터베이스, 유전자 라이브러리, 크리스퍼 플라스미드, 인간 줄기세포, 유전자 변형 생물체, 세포주 공학 등으로 사업 분야를 넓혀 가고 있다.[6]

사실 허 젠쿠이의 발표에 대한 과학계의 다양한 반응도 크리스퍼 기술과 얽힌 막대한 상업적 기업의 이익을 인식하지 않고는 이해할 수 없다.[7] 허 젠쿠이는 자신의 행동을 방어했고, 소수에 불과하지만 지지하는 사람도 있었다. MIT 크리스퍼 특허를 가지고 있고 크리스퍼 기술을 상업화하는 회사를 설립하는 데도 관여한 하버드 대학교 의과대학 교수 조지 처치(George Church)는 〈사이언스〉에서 허 젠쿠이의 연구를 옹호하며 "균형을 맞춰야 할 문제"라고 말했다. "그것은 그를 괴롭히는 상황인 것 같다. 내가 들은 가장 심각한 것은 그가 서류를 제대로 작성하지 않았다는 것이다. 서류 작업을 잘못한 사람들은 그 외에도 많이 있다." 하버드 대학교 의과대학의 조지 데일리(George Daley) 학장도 이에 가세했다. 그는 다음과 같이 말했다. "인간의 생식세포 편집의 첫 사례가 잘못되었다고 도피해서는 안 된다. 나는 한 명의 연구자가 이 분야의 규범을 어겼다고 해서 과학적인 자기 규제의 실패라고 생각하지 않는다."

데일리와 하버드 의대 동료들이 생식세포 편집을 궁극적으로 상용화하기 위해 연구하고 있다는 것은 놀라운 일이 아니다. 데일리나 처치 같은 과학자들은 생명공학의 상업화가 인간의 이익을 위해 과학적 지식을 활용하는 가장 좋은 방법이라고 생각한다.[8] 그들은 실리

콘 밸리의 기술자들과 마찬가지로 상업적 이익과 과학의 발전, 그리고 인간의 진보를 구별하지 않는다. 따라서 과학적 발견을 공유하기보다는 특허가 되어야 하는 소중한 상업적 실체로 간주하는 것은 새삼스럽지 않다. 아주 경쟁적이고 복합적인 환경에서는 룰을 어기더라도 첫째가 되는 것이 바람직할 뿐만 아니라 상업적으로 이익이다.

이런 태도는 기업의 이익으로 무장한 과학 엘리트들의 자만심을 반영한다. 그러나 이 세계관은 매우 왜곡되어 있다. 공적 자금으로 운영되는 과학 연구 결과를 민간 기업의 소유로 전용함으로써, 우리는 결과적으로 생의학 치료 비용을 상승시키고, 과학자 집단이 발견하고 시민이 공적으로 지원한 과학적 발견에 대한 통제권을 포기한다. 그러나 민주적으로 통제하고 공익을 유일한 목적으로 하는 과학의 공유화라는 분명한 대안이 있다. 그러한 공유화는 우리가 개인적인 야망이나 상업적 이익과는 무관하게 윤리적 선택을 해야 함을 인정하는 과학 문화를 만들어 내는 유일한 길일 것이다.[9]

1) Charlorre Jee, "A second CRISPR pregnancy is already under way, claims Chinese scientist", MIT Technology Review (2018. 11. 28.), https://www.technologyreview.com/the-download/612484/a-second-crispr-pregnancy-is-already-under-way-claims-rogue-chinese-scientist/

2) Jane Qiu, "American scientist played more active role in 'CRISPR babies' project than previously known", STAT (2019. 1. 31.), https://www.statnews.com/2019/01/31/crispr-babies-michael-deem-rice-he-jiankei/

3) Jack Kilbride, Bang Xiao, "Chinese scientist who edited twin girls' gene He Jiankui missing for over a week", ABC, (2018. 12. 7.), https://www.abc.net.au/news/2018-12-07/chinese-scientist-who-edited-twins-genes-he-jiankui-missing/10588528

4) Corinne Le Buham, "On the patents behind CRISPR babies", IPStudies (2018. 11. 27.), https://www.ipstudies.ch/2018/11/

on-the-patents-behind-crispr-babies/

5) Pankaj Mehta, "Corporate Science and designer babies", Jacobin (2018.12.07.), https://www.jacobinmag.com/2018/12/gene-editing-crispr-he-jiankui-mit?fbclid=IwAR39Nzo-JVm3NQdI-vLcIqYr4452tMnM6GrX_EqKqhWT79jyWd-pk80s-4lPg

6) Eric, "CRISPR and CRISPR-associated genes market to resister steady growth in healthcare industry by 2026", World Chronicle (2019. 3. 28.), https://worldchronicle24.com/2019/3197/crispr-and-crispr-associated-genes-market-to-resister-steady-growth-in-healthcare-industry-by-2026/

7) Pankaj Mehta, "Corporate Science and designer babies", Jacobin (2018.12.07.), https://www.jacobinmag.com/2018/12/gene-editing-crispr-he-jiankui-mit?fbclid=IwAR39Nzo-JVm3NQdI-vLcIqYr4452tMnM6GrX_EqKqhWT79jyWd-pk80s-4lPg

8) Carmen Leitch, "The fallout from the first CRISPR babies continues", Labroots (2018. 12. 4.), https://www.labroots.com/trending/genetics-and-genomics/13438/fallout-crispr-babies-continues

9) Pankaj Mehta, "Corporate Science and designer babies", Jacobin (2018.12.07.), https://www.jacobinmag.com/2018/12/gene-editing-crispr-he-jiankui-mit?fbclid=IwAR39Nzo-

JVm3NQdI−vLcIqYr4452tMnM6GrX_EqKqhWT79jyWd-

pk80s−4lPg

14

아기들의 장래 운명

리 메이 이(LMY): 안녕하세요, 허 박사님. 나는 홍콩 대학의 리 메이 이(Mei Yee Lee)라고 합니다. 인간에서 질병 차단 유전자를 침묵하게 했다는 증거가 나타났기 때문에 당신이 양심 있는 과학자라면 환자를 책임져야 합니다. 이 아기들을 위한 장래의 의료 계획을 알 수 있습니까? 예를 들어, 당신은 그들에게 어떻게 백신을 접종할 계획입니까? 그리고 더 중요한 것은, 그들은 당신의 팀에게 아주 비정상적일 정도로 관리를 받아야 하는데, 그들의 잠재적인 정신건강을 어떻게 평가할 수 있을까요?

MP: 예방 접종과 신경발달 결과 측면에서 아기들의 건강 상태를 어떻게 모니터링할 계획이십니까?

HJ: 그래서 우리 실험실의 웹사이트에 있는 정보에 입각해 여러 가지 동의를 얻은 후 장기적인 프로그램에 따라 건강을 모니터링할 예정입니다. 이 정보에는 신경발달, 정기 신체검사와 HIV 감염, 웨스트나일바이러스 감염을 포함해 매년 어떤 검사를 수행할지 명확히 기술되어 있습니다. 이 정보는 모두 고지동의서에서 구할 수 있습니다.

이 사안은 또한 대중의 관심을 끌었다. 비록 대부분의 사람들이 이 과정 이면에 있는 과학을 완벽하게 이해하지는 못했지만, 그들은 쌍둥이 소녀의 복지와 건강, 그리고 인간성에 미칠 수 있는 부정적인 결과에 대해 걱정했다. 여러 사람들이 쌍둥이의 미래에 대해 걱정했다.

쌍둥이에 대한 또 다른 불확실한 결과는 그들의 생식 건강과 자유에 관한 것이다. 그들이 가임연령이 되면, 편집된 유전자가 후손들에게 전해지는 것을 막기 위해 '강제' 불임 시술을 받을 수도 있다.[1]

프랜시스 콜린스는 이 두 어린 소녀들이 괜찮기를 바란다고 말했다. 이런 일이 일어난 것이 얼마나 불행하고 부적절했든지 간에 우리 모두는 쌍둥이 자매에게 나쁜 결과가 없기를 바랄 것이다. 하지만 지금으로서는 결과를 정확히 알기 어렵다.[2]

숀 라이더는 "루루와 나나가 건강하게 오래 살기를 열망한다. CCR5를 편집한 결과로 판단하면 건강하게 지낼 것 같다. 그러나 도덕적·의학적 논란 외에도 돌연변이가 기능에 미치는 불확실성이 크므로 이 연구를 과학적인 측면에서 반대할 수 있다. 나는 루루와 나나가 HIV에 노출되지 않기를 기도한다. 나는 '그 실험이 효과가 있었는지' 알 기회가 없었으면 한다. 아기들이 허 젠쿠이의 연구에 의해 영향을 받지 않았으면 하는 바람이다. 결과가 더 나빠질 수도 있다"고 말했다.[3]

　제2차 인간 유전체 편집 국제 정상회담에 참석했던 캐롤라인 노이하우스(Carolyn P. Neuhaus)는 "홍콩을 떠나면서 나는 유전자 변형 배아에서 태어난 그 쌍둥이들을 생각했다. 나는 그들이 행복하고 안전하며 부모를 위해 잘 먹고 잘 자길 바란다. 우리는 생식 유전자 편집에 의해 가장 영향을 받은 사람이 이 아기들이라는 것을 기억해야 할 것이다. 그들은 건강에 어떤 영향을 받을까? 그들의 생식 능력은 어떻게 될까? 만약 아이를 갖기로 선택한다면, 아기들은 어떨까? 그들의 삶은 병원 치료, 건강검진, 언론의 선정적 보도에 시달릴까? 부모, 친구, 그리고 사회는 그들을 다르게 취급할까? 그들의 가정생활, 우정, 직업, 기타 다른 관계에 어떤 영향을 받을까? 생식세포 유전자 편집을 옹호하는 경우는 특별한 형질을 갖거나 갖지 않은 친자를 갖기 원하는 부모들의 강한 열망과 관련이 있다. 세상에 태어난 모든 아이는 그들의 유전자형이 어떻든 동등한 대접을 받아야 한다"며 우려를 표했다.[4]

　'지옥으로 가는 길은 선의로 포장되어 있다'는 격언과 같이, 아기들을 HIV 감염으로부터 보호하겠다는 좋은 뜻으로 시작했다고 해도 허 젠쿠이의 인체 실험 결과는 염려스럽기 그지없다.

1) Françoise Baylis, Graham Dellaire, Landon J Getz, "Why we are not ready for genetically desiigned babies", The Conversation (2018. 11. 28.), https://theconversation.com/why-we-are-not-ready-for-genetically-designed-babies-107756

2) Rob Stein, "Outrage Intensifies Over Claims Of Gene-Edited Babies", National Public Radio (2018. 12. 7.), https://www.npr.org/sections/health-shots/2018/12/07/673878474/out-rage-intensifies-over-claims-of-gene-edited-babies

3) Sean P Ryder, "#CRISPRbabies: Notes on a scandal", The CRIS-PR Journal 1(6), 2018, doi: 10.1089/crispr. 2018:29039.spr.

4) Carolyn P. Neuhaus, "Should We Edit the Human Germline? Is Consensus Possible or Even Desirable?", The Hastings Center (2018. 12. 4.), http://www.bioethics.net/2018/12/should-we-edit-the-human-germline-is-consensus-possible-or-even-desirable/

15

표적 이탈

웨이 원성: 중국 북경 대학교의 웨이 웬성(Wensheng Wei)입니다. 먼저 표적 이탈 평가와 관련된 기술적인 질문이 있습니다. 당신은 단일 세포 전장유전체 시퀀싱(WGS)을 했다고 말했는데, 내가 알기로는 소위 단일 세포 전장유전체 시퀀싱을 수행하기 위한 지식은 아직 완벽하지 않습니다. 이것이 기술적인 질문입니다. 두 번째는 중국을 포함한 국제 사회에서 인간 생식세포 편집을 수행하지 말자는 합의가 있다는 사실입니다. 이것은 중국을 포함한 국제 사회의 합의입니다. 나는 당신이 이 사실에 대해 잘 알고 있다고 생각합니다. 이 질문은 굳이 왜 이 선을 넘는 선택을 했는지와 관련이 있습니다. 그리고 만일 합의 내용을 몰랐다면, 이 모든 임상 연구를 비밀리에 수행한 이유를 설명할 수 있습니까?

HJ: 자, 시퀀싱에 의해 표적 이탈을 찾아내는 첫 번째 단계입니다. 착상 전에 우리는 편집된 세포에서 3개 내지 5개의 세포만을 얻을 수 있을 것입니다. 그 세포로부터 단일 세포를 시퀀싱하기 위해 증폭했습니다. 그것은 유전체에서 적은 범위를 시퀀싱하는 작업과 WGS를 비교할 수 있습니다. 그리고 WGS의 경우, 유전체는 80-83%의 범위를 시퀀싱할 수 있는데 비해, 하나의 세포에서는 95%의 범위를 시퀀싱할 수 있어도 여전히 미흡합니다. 이 배아에서 시퀀싱으로 밝혀지지 않는 부분은 다른 배아에서 반복한 다른 시퀀싱 결과를 참조하면 얼마나 많은 표적 이탈이 발생하는지 이해할 수 있습니다. 음….

사실 허 젠쿠이는 발표에서 임신을 위해 착상시킬 배아가 안전한지 확인하기 위해 수행한 여러 가지 시퀀싱 실험을 설명하는 데 가장 오랜 시간을 할애했다. 과학자와 윤리학자 들이 가장 우려하는 것은 허 젠쿠이가 사용한 크리스퍼 유전자가위 기술이 인간을 대상으로 사용할 만큼 충분히 안전한지 확실하지 않다는 것이다. 크리스퍼 유전자가위의 알려진 주요한 문제점은 그것이 DNA의 다른 곳에서 의도하지 않은 표적이탈효과를 일으킬 수 있다는 것이다. 즉 편집을 담당하는 크리스퍼 유전자가위가 표적이 아니라 의도하지 않은 부위를 절단해 표적 서열을 변형시킨다는 말이다. 최초의 표적을 절단한 이후 유전체를 계속 변형시키거나 또는 가이드RNA가 비표적 서열에 결합하는 경우 발생한다.

표적 이탈 오류를 막기 위해 연구팀은 부모의 유전체 전체를 시퀀싱했다. 모친에게 이식하기 전, 편집된 각각의 배아에서 3개 내지 5개의 세포를 떼어 내 원치 않는 돌연변이를 확인하기 위해 유전체 전체를 시퀀싱했다.

공개된 슬라이드에서 유전체를 비교하면 두 개의 편집된 배아에서 몇 개의 새로운 돌연변이를 발견할 수 있다. 루루의 배아에서 발견된 이러한 돌연변이 중 유전자가 아닌 부분 오직 한 곳에서 크리스퍼 때문에 표적 이탈 오류가 발생했다고 허 젠쿠이는 결론을 내렸다. 각 개체가 우연히 100개의 새로운 돌연변이까지 가질 수 있기 때문에 이런 경우가 발생했을 수도 있다.

연구진은 표적 이탈 돌연변이가 어떤 유전자와도 거리가 먼 DNA 지역에서 발생했기 때문에 무해한 것으로 판단했다. 허 젠쿠이의 설명에 따르면, 부모들은 그 결과를 듣고도 계속 임신을 진행하기로 결정했다.

그러나 개탄 버지오는 트위터를 통해 표적 이탈 돌연변이에 대한 점검이 충분히 이루어지지 않았다고 말했다. 예를 들어, 그래서 오히려 커다란 DNA의 결실을 놓칠 수 있을 것이라고 버지오는 말했다. 허 젠쿠이는 이 두 아기들의 표적 이탈 유전자를 발견하지 못했다고 했지만, 많은 크리스퍼 전문가들은 그렇게 말하는 것은 시기상조라고 생각한다. 지금은 이 쌍둥이들이 건강한 것처럼 보이지만, 예를 들어 감지되지 않은 무작위 유전자 변화가 생애 후반부에 영향을 미쳐 쉽게 암에 걸릴 수도 있다.[1]

표적 이탈의 결과로 발생하는 삽입, 결실 또는 전좌는 유전체 내에서 중요한 서열들을 활성화하거나 불활성화해 종양 발달과 관련된 발암 유전자를 활성화하거나, 노화 촉진과 같은 예상치 못한 결과를 발생시킬 수 있다. 작은 삽입, 삭제 또는 번역도 아이의 유전자 발현과 건강에 상당한 영향을 미칠 수 있기 때문이다.

이 같은 우려는 배아 전체를 편집할 때 더 심각할 수 있다. 예를 들어, 암세포의 유전자 편집 치료처럼 몸의 일부 세포만 바꾸는 것과 달리, 배아에 크리스퍼 유전자가위를 사용하면 몸의 모든 세포의 DNA를 바꿀 수 있다. 난자나 정자를 생산하는 세포도 마찬가지다. 이러한 생식세포 편집은 윤리적인 문제를 제기한다. 왜냐하면 인위적으로 유도된 돌연변이와 그 돌연변이가 건강에 미치는 영향은 다음 세대로 전해져서 결국 인간 유전자 풀의 일부가 될 수 있기 때문이다. 대부분의 사람들은 암을 발생시킬 수도 있는 해로운 돌연변이가 미래 세대에 축적될 수 있다는 생각 때문에 배아의 유전자를 변형하는 것을 두려워한다.

사실상 표적이탈효과를 밝히기란 상당한 어렵다. 연구원들은 여러 참조 유전체 시퀀싱 결과를 사용해 표적이탈효과를 식별하는 방법을 사용하는데, 이는 모집단의 유전적 변형을 감지하는 방법은 아니다. 이 방법은 표적이탈효과가 가장 빈번하게 발생하고 예측되는 위치에서의 표적이탈효과 가능성을 평가한다. 어떤 경우에는 몇 가지 부위만 조사할 수 있을 뿐이다. 어떤 삽입 또는 결실은 너무 작아서 감지되지 않기 때문에 연구자들은 표적이탈효과가 발생하지 않았다고 보고할 수도 있다. 결과를 감지하지 못하는 것이 결과가 존재하지 않는다는 직접적인 증거가 될 수는 없다.[2]

대개의 논문들은 모두 표적이탈효과가 나타나지 않는다고 보고
했고, 나타나더라도 방법을 개선하면 표적이탈효과가 발생하지 않
을 것이라고 장담했다. 그러나 최근 표적이탈효과가 생각보다 심각
할 것이라는 증거가 속속 등장하고 있다. 2017년 〈네이처 메소드〉
(*Nature Methods*) 논문에서 아이오와 대학교의 알렉산더 바숙(Alexander
G. Bassuk)과 스탠포드 대학교의 비닛 마하잔(Vinit B. Mahajan) 등은 생
쥐 모델에서 유전체를 편집한 결과 100여 개의 삽입이나 결실이 발
생했으며, 1000개가 넘는 단일 뉴클레오티드 변형이 발생한다는 사
실을 밝혔다. 그들은 이런 표적이탈효과가 예상보다 많고 세포의 주
요한 작용에 악영향을 미칠 것이라고 언급했다.[3] 특히 이런 표적 이
탈은 표현 형상으로는 명백하게 드러나지 않기 때문에 정상적인 발
달이 일어나는 것으로 착각하기 쉽다. 이에 대해 과학계 및 생명공학
계는 〈네이처 메소드〉에 보내는 서한에서 연구 방법을 비판하고 철회
를 요구하며 결과의 타당성을 신속하게 반박했다.

생명공학 회사인 인텔리아 테라퓨틱스 등의 요구에 따라 2018년
4월 게재는 철회되었지만 이 연구 결과는 쉽게 무시할 수 없는 것이
었다. 뒤이어 2018년 9월 웰컴생거연구소의 앨런 브래들리(Allan Brad-
ley) 등의 후속 연구로 표적 및 중요한 이탈 표적 모두에서 커다란 결
실과 복잡한 재배열이 나타난다고 밝혀졌기 때문이다. 이 연구는 연
구자가 알지 못하는 위치에서 표적이탈효과의 발생, 상당한 양의 표
적이탈효과, 그리고 여기에서 비롯된 건강에 미칠 수 있는 가능성을
제시했다. 이 분야의 연구에 따르면, 표적이탈효과가 낮을 것으로 보
인다거나 표적이탈효과가 나타날 가능성이 적은 개선된 방법이란 주

장은 설득력이 없을 뿐만 아니라 오해의 소지가 있다.[4]

허 젠쿠이는 짧은 DNA 조각들을 배열하는 단편 판독 시퀀싱이라고 불리는 방법을 사용했다. 그것은 염색체에서 일어나는 큰 배열의 변화를 놓칠 수 있다. 그것은 문서를 한 번에 한두 문장씩만 보며 고치는 것과 비슷하다. 이렇게 하면 오타는 발견할 수 있지만 문장의 흐름이 전반적으로 어떻게 이상한지는 발견하기 어렵다.[5]

허 젠쿠이는 자신의 연구팀이 루루와 나나의 유전체에서 어떤 오류도 발견하지 못했다고 주장했지만, 사실상 각 세포에 있는 모든 유전자를 검사할 수는 없다. 결과적으로 그들은 '무엇보다 해를 끼치지 말라'는 의학의 가장 근본적인 윤리 원칙을 지키지 못했다.[6]

1) Clare Wilson, "Gene-editing experiment widely criticised for safety and ethics issues", NewScientist (2018. 12. 5.), https://www.newscientist.com/article/mg24032073-800-gene-editing-experiment-widely-criticised-for-safety-and-ethics-issues/

2) Katherine Drabiak, "Untangling the promises of human genome editing", Journal of Law. Medicine & Ethics 46, 2018, 991-1009.

3) Kellie A Schaefer, Wen-Hsuan Wu, Diana F Colgan, Stephen H Tsang, Alexander G Bassuk, Vinit B Mahajan, "Unexpected mutations after CRISPR-Cas9 editing in vivo", Nature Methods, 14, 2017, 547-548.

4) Michael Kosicki, Kärt Tomberg, Allan Bradley, "Repair of double-strand breaks induced by CRISPR-Cas9 leads to large deletions and complex rearrangements", Nature Biotechnology

36(8), 2018, 765-771.

5) Sharon Begley, Andrew Joseph, "The CRISPR shocker: How genome-editing scientist He Jiankui rose from obscurity to stun the world", STAT (2018. 12. 17.), https://www.statnews.com/2018/12/17/crispr-shocker-genome-editing-scientist-he-jiankui/

6) Nicanor Austriaco, "The case against CRISPR babies", First Things (2018. 12. 12.), https://www.firstthings.com/web-exclusives/2018/12/the-case-against-crispr-babies

16

규제를 벗어난 연구

RLB: 질문의 두 번째 부분은 언론의 질문이기도 했습니다. 이 일을 아직 진행시켜서는 안 된다는 과학계의 중론을 알고 있으면서 왜 진행했는지, 또 이것을 둘러싼 비밀이 특히 왜 이렇게 많은지에 관한 것입니다. 예를 들어, 이 일을 하면서 왜 중국 당국에 그렇게 많은 일들을 숨겨야 했습니까? 중국 당국이 당신을 지금 비난하는 이유는 법을 어겼기 때문이라고 알고 있습니다. 그들은 당신이 그 것을 할 수 없다고 제지했겠지요. 당신은 그 연구가 어떻게 평가될지 다른 사람들과 사실상 논의하지 않고 계속 진행했습니다.

HJ: 내가 말했듯이 3년 전부터 과학계와 관계를 가져 왔는데, 나는 이전의 데이터를 가지고 콜드스프링하버, 버클리, 그리고 아시아 학술회의에서 공개적으로 이야기했고 그들로부터 피드백을 받았습니다. 또 나는 윤리와 과학에 대해 미국의 몇몇 전문가들과 그곳의 중국 학자들과도 상의했습니다.

RLB: 정말로 자체적으로 했군요.

유전체 변형 아기를 만들 가능성은 20여 년 전부터 제기되어 왔으나 이를 실천에 옮길 기술력이 뒷받침되지 않았기 때문에 공허한 이론 논쟁에서 벗어나지 못했다. 그러나 크리스퍼 유전자가위의 등장으로 판세가 바뀌었다. 2015년 초에 과학자들은 크리스퍼 유전자가위를 생식세포에 적용할 가능성을 본격적으로 우려하기 시작했다. 공교롭게도 처음 이 기술의 적용 범위에 대해 공개 토론의 필요성을 지적한 것은 대부분 과학자 집단이었다. 한 과학자 집단은 '인간 생식세포를 편집하지 말라'는 근본적인 금지 입장을 표명했지만, 다른 과학자 집단은 '유전체 공학과 생식세포 변형을 위한 신중한 방법'이라는 의견서에서 볼 수 있듯이 유보적 태도를 취했다. 유전체 편집에 대한 공개 토론이나 모라토리엄을 요구하는 시민 과학 단체들의 공동 행동은 없었다. 대부분의 시민 과학 단체들은 단지 모라토리엄에 대한 과학자 집단의 기존 합의에 동의했을 뿐이다.

2015년 4월 초, 중국 광저우 중산 대학의 황 준쥬 교수팀은 크리스퍼 유전자가위를 최초로 인간 배아에 적용해 지중해성빈혈증 유전자를 돌연변이시켰다. 이후 생식세포에서의 유전체 편집을 찬성하는 사람들과 반대하는 사람들 사이에 커다란 논쟁이 벌어졌다.

그러나 대부분의 과학자들은 생식에 직접 사용하는 경우만을 제한하는 한시적 모라토리엄을 선호했다. 이 모라토리엄 기간 동안 임상 목적 이외의 의미와 목적에 대한 근본적인 문제들을 다루어야 한다는 입장이 2015년 12월에 열린 제1차 인간 유전자 편집 국제 정상회담의 결론이 되었다. "위험성, 잠재적 유익성, 그리고 대안들을 적절하게 이해하고 비교해 상대적인 안전성과 효율성 문제가 해결되지 않았을 때, 계획된 적용의 적절성에 대한 폭넓은 사회적 공감대가 형성되지 않았을 때와 같은 경우에 생식세포의 임상에 사용하는 것은 무책임하다."

2015년 12월, 인간 생식세포의 유전체 편집에 대한 과학계의 입장을 정리하기 위해 미국 워싱턴에서 개최된 제1차 인간 유전자 편집 국제 정상회담에서는 공동 성명을 통해 과학과 사회의 필요조건이 충족될 때까지는 인간 생식세포의 유전체 편집을 금지해야 한다는 입장을 발표한 반면, 2017년 2월에 발간된 미국 과학·공학·의학 아카데미의 보고서는 "합리적인 대안이 없고 심각한 질병을 치료하거나 예방하는 경우를 포함해 열 가지의 기준이 충족될 경우, 임상 목적의 생식세포 개입이 허용될 수 있다"고 언급함으로써 금지에서 허용으로 입장을 선회했다. 안전성과 효율성에 대한 관심은 투명성, 프라이버시 및 관리감독 메커니즘, 거버넌스에 대한 구체적 요구로 바뀌었다. 제1차 인간 유전자 편집 국제 정상회담에서 유전체 편집을 무책임하게 사용하는 것을 피하기 위해 요구했던 사회적 합의는 완전히 잊혀졌다.

미국 과학·공학·의학 아카데미의 보고서가 나온 이후 2018년 7월에 너필드 생명윤리위원회는 유전체 편집과 인간 생식에 관한 보고서를 발표했다. 이 보고서는 인권과 이해관계의 개념에 근거해 인간의 생식세포 유전체 편집을 둘러싼 윤리적 문제에 대한 두 가지 일반 원칙을 도출했다. 첫째, 유전체 편집 기술의 사용은 그러한 기술의 결과로 탄생할 수 있는 미래의 모든 사람의 복지와 일치해야 한다. 둘째, 생식은 사회적 맥락에서 일어난다고 언급하면서, 사회의 이해관계를 다룰 때 형평성과 정의의 중요성을 고려하고, 생식세포 유전체 편집이 특정 집단의 사람들에게 불공정한 이익을 초래하지 않도록 제한해야 한다는 결론을 내렸다.

너필드 생명윤리위원회의 보고서도 인간 유전체 편집이 인간 생식 선택권의 관점에서 도덕적으로 허용될 수 있다는 입장을 밝혀 주목을 받았다.

이런 일련의 흐름을 살펴볼 때, 인간 배아에 유전자 변형 기술을 사용하는 입장에 대해 굳이 세계적 합의를 찾자면, 그것은 실험을 하되 성급하게 하지 말라는 것이다. 그것이 2015년 제1차 인간 유전자 편집 국제 정상회담의 성명서, 미국 과학·공학·의학 아카데미 보고서, 너필드 생명윤리위원회 보고서, 그리고 제2차 인간 유전체 편집 국제 정상회담의 성명서에서 일관되는 관점이다.

비밀리에 섣부르게 수행된 허 젠쿠이의 연구는 분명 이 기준에 맞지 않았다. 그러나 금지에서 허용으로의 입장 전환은 적절한 절차만 지키면 생식세포 유전체 편집이 가능하다는 잘못된 신호를 줄 수 있었다. 이런 관점에서 볼 때, 인간 유전체를 편집하는 윤리적 근거는 허 젠쿠이의 실험으로 바뀌지는 않았지만 적어도 1년 전에 동의된 것이었다. 그리고 〈MIT 테크놀로지 리뷰〉의 안토니오 레갈라도가 보도한 바에 따르면, 허 젠쿠이는 임상시험을 시작하기 불과 한 달 전인 2017년 2월에 미국 과학·공학·의학 아카데미가 심각한 질병을 치료하기 위해 인간 배아를 편집하는 아이디어를 최초로 승인했다고 말했다. 실제로 허 젠쿠이는 윤리심의신청서에서 기관윤리심의위원회 관련자에게도 모든 것이 잘될 것이라고 장담했다. 그는 금지 신호가 없는 것을 허용 신호로 받아들인 것 같다.[1]

그러나 미국 매사추세츠 주 터프츠 대학교 공중보건 및 지역사회 의학 교수인 셸던 크림스키(Sheldon Krimsky)도 허 젠쿠이가 위반한 연구윤리 중에서 인간 배아 편집을 허용할지 여부에 대한 국제적 합의를 어겼다는 점을 지적한다.[2]

구미권에서는 생식세포 유전자 편집 연구를 주의 깊게 통제·감시한다.

불임클리닉과 연구소를 규제하는 영국의 인간수정배아관리국은 좋은 모델이다. 이 기관은 유전자가 인간의 초기 발달을 어떻게 조절하는지 알아 보기 위해, 임신에 사용하지 않을 배아에 소위 크리스퍼 유전자 편집 기술을 사용하는 연구를 승인했다. 또한 미토콘드리아 질병을 예방하기 위해 세 사람의 DNA를 결합하는 기술을 사용해 시험관 아기를 임신시키는 치료를 허용했다. 모든 경우에, 당국은 신중한 검토를 거친 다음에야 승인하고 진행시키면서 연구를 감독한다. 영국에서 생식세포 유전자 편집을 연구하려면 모두 같은 과정을 거쳐야 한다. 따라서 허 젠쿠이가 실시한 것과 같은 무모한 실험은 배제될 수 있다.

미국에는 이런 특별한 기관이 없지만 인간 유전자 편집을 관장하는 미국 식품의약국이 있다. 미국에서 식품의약국의 승인을 받지 않고 임상시험을 시작하는 것은 불법이다. 이론적으로 식품의약국의 승인은 영국과 유사한 신중한 과정을 거친다. 하지만 승인은 이보다 더욱 까다로워졌다. 의회는 식품의약국이 유전자가 변형된 배아를 만들 수 있는 연구 자체를 고려하는 것조차 금지했다. 의회의 금지 조치는 옴니버스 지출 법안의 부속 조항으로 추가되고 갱신된 이후 사실상 인간 배아 유전자 편집 연구를 봉쇄한다. 이 추가적 제약으로 식품의약국이 배아 유전자 편집에 대해 좌우할 수 있는 권한은 사실상 박탈되었다.[3]

이처럼 허 젠쿠이가 수행한 종류의 연구가 미국이나 대부분의 유럽에서는 합법적으로 수행될 수 없는데 반해 중국에서 이루어진 이유는 무엇일까? 어떤 학자들은 중국이 일반적으로 유전학 연구에 대한 규정이 느슨하기 때문이라고 주장한다. 그러나 중국에도 서구의 여러 나라에 비견할 만한 엄격한 윤리 기준과 규정이 있다. 중국의 임상시험 시 지켜야 할 모든 원칙과 규정은 뉘른베르크 강령, 헬싱키선언 및 국제의학기구협회와 세계보건기구의 '사람을 대상으로 하는 생명의학 연구에 대한 국제 윤리 지침'을 포함해 보편적으로 인정된 국제 기준을 따른다.[4]

중국은 지난 수십 년 동안 배아와 줄기세포를 이용한 연구를 포함해 인간의 유전체 연구를 위한 일반 규제 틀을 개발했다. 기본적으로 배아에 대한 연구에 적용할 수 있는 두 가지 규칙이 있는데, 여기에는 유전자 변형 연구가 포함된다.

1991년부터 1999년까지 중국의 식품약품감독관리총국과 국민건강가족계획위원회는 안전 확보와 고지동의 요건 이행을 강조하는 체세포 유전자 변형에 관한 많은 규정을 공표했다. 1998년 국민건강가족계획위원회[위생부(MoH)의 전신]의 '인간유전자원임시조치'와 2001년 위생부의 '인공 생식기술의 윤리 원칙', 2003년 위생부의 '인간 보조생식기술 및 인간 정자에 관한 윤리 원칙', 2003년 '인간 보조생식기술과 인간 정자은행에 관한 기술 설명서', 기본 기준과 윤리 원칙을 개정한 위생부의 고시와 같은 '보조생식기술의 사용에 관한 규정' 등이 있다. 이런 절차가 수행되는 불임클리닉에는 허가 요건이 있으며, 중국 정부는 규정을 위반한 병원을 폐쇄할 수 있는 권한이 있다. 실제로 2003년 병원을 폐쇄한 사례가 있다.[5]

2003년 중국 과학자 셩 후이젠(Huizhen Sheng)이 토끼에서 인간–동물 키메라에 대해 발표한 윤리적으로 문제가 있는 연구에 대해 위생부와 과학기술부는 공동으로 인간 배아 줄기세포에 대한 의학적 지침을 발표했다. 이 '인간 배아 줄기세포 연구를 위한 윤리 지침'에서는 모든 인간 배아 연구가 중국의 법률과 규정을 준수하고 국제적으로 인정된 생명윤리 지침을 존중하고 준수할 것을 요구한다. 생식 목적으로 인간 배우자세포* 또는 배아 유전체(미토콘드리아 전달 포함)를 조작하는 행위는 불법으로 규정되며, 연구에 사용된 배반포를 인간이

---

* 배우자세포(gamete): 난자와 정자와 같이 부모 각각으로부터 만들어지는 생식세포.

나 다른 동물의 생식기관에 이식하는 행위를 금지한다. 이것은 생식 세포 유전자 편집에 대해 기초과학 연구는 허용되지만, 임상시험이나 임상 시술 수준의 연구는 허용되지 않는다는 점을 암시한다. 중국 지침에는 ①수정이나 핵 이식 후 14일 이상 시험관 내에서 배아를 배양하는 것을 금지하며, ②인간-동물 키메라 배아 연구와 인간-동물 잡종은 금지하고, ③생식 목적을 위한 인간 복제 연구는 금지한다고 명시되어 있다.[6]

2003년 중국 식품약품감독관리총국의 '좋은 임상시험에 대한 원칙', 2007년 위생부의 '인간 대상을 포함하는 생물의학적 연구를 위한 윤리심의 방안'에 관한 규정이 도입되었고, 이는 국가위생계획생육위원회에 의해 개정되었다. 이 규정은 기관윤리심의위원회를 의무화하고, 그러한 심사를 위한 국제 기준을 따른다. 이런 모든 규정에는 이미 2010년 중국 식품약품감독관리총국이 공표한 '약물에 대한 임상 시료의 검토에 대한 윤리적 지침'의 독립적인 기관윤리심의위원회의 심사 요건과 정보에 입각한 동의 요건이 포함되었다.[7]

2012년, 중국 국무원은 '인간유전관리자원조례'의 초안을 발표했다. 비록 이 규정이 아직 공식적으로 시행되지는 않았지만, 이것은 1998년의 임시 조치들을 대체할 것이다. 이 규정은 유전학 연구에 특히 초점을 두고 있고, 모든 유전학 연구는 기관윤리심의위원회의 심의를 받아야 한다는 점을 공식 규정하고 있다. 이에 따르면 인간 유전자 시료는 자율성과 사전동의 원칙에 따라 수집하고 보관해야 한다. 시료 수집 전에 기증자에게 사전 서면 동의서를 제공해 연구의 목적과 사용, 잠재적인 건강 위험, 이익 공유 계획, 프라이버시 보호

및 기타 필요한 관련 정보를 설명해야 한다. 연구 참여자들은 언제든지 무조건적으로 빠져나올 권리가 있다. 또한 최초에 동의받은 이외의 목적으로 시료를 사용할 경우에는 재동의를 요청해야 한다.[8]

2016년 규칙에서는 감독 체계가 강화되었다. 연구원들은 연구를 시작하기 전에 반드시 윤리 승인을 받아야 한다. 관내 기관윤리심의위원회의 적절한 검토를 담당하는 지방위원회와 국가위원회가 있다. 이 규정은 특정 유형의 연구를 지방위원회나 국가위원회가 검토하도록 규정한다. 위반과 관련된 벌칙에 대해서는 구체적으로 규정되어 있지 않지만, 개별 연구자, 기관윤리심의위원회 위원장 및 기관은 모두 위반 행위에 대해 책임을 져야 한다. 그러나 국가위생계획생육위원회는 과학기술부의 감독을 받는 대학이나 기타 연구 기관을 제외한 위생의료 기관만을 규제하고 감독할 수 있다.[9]

지금까지 중국에서는 체세포 유전자 변형 임상시험만 합법적으로 허용하고 있다. 위생부가 공표한 인간보조생식기술규범 제3.7조 및 제3.9조에는 생식을 목적으로 한 인간, 동물, 배아에 대한 유전자 조작은 금지한다고 명시되어 있다. 따라서 중국의 규제 틀은 다른 나라의 경우와 별반 다르지 않다. 이들은 고지동의 요건 및 연구의 위험과 이익의 평가, 유전학 연구와 관련된 구체적인 규제를 하고 있다. 가장 중요한 것은 접합체와 배아의 유전자 조작에 관련된 규제이다. 다시 말해, 기초적인 목적의 연구는 금지하지 않지만 '생식 목적'의 연구는 분명히 금지하는 것은 서구의 많은 국가들의 경우와 유사하다.[10]

중국에서는 법이나 규정보다 지침에 의해 생식세포 유전자 변형을 금지하지만, 이 지침들은 어느 정도 규제력을 가진다. 중국의 '지침' 또는 '지도원칙'은 법적 효력이 있다. 예를 들어 2010년의 '인간 배아 줄기세포 연구를 위한 윤리 지도원칙'은 중국에서 인간 줄기세포를 포함하는 모든 연구 활동은 이 지침을 따라야 한다고 명시한다. 그들은 해당 부서에 지침을 해석하고 시행할 수 있는 권한을 부여한다. 중국에서 지침을 따르지 않는 이들은 재정적인 벌칙과 정부 지원 제한을 당할 수 있고 해직될 수 있다.

이런 규제에도 불구하고 빠른 연구 속도로 볼 때, 불량 과학자들이 적절한 평가 없이 섣부르게 프로젝트를 수행해 개인과 사회에 장단기적 피해를 끼칠 우려가 제기되고 있다. 현재로서는 개별 연구 기관윤리심의위원회의 결정에 대한 체계적이고 철저한 심사나 질 관리 제도가 없다. 또한 그러한 연구를 검토하는 위원회가 특정 기준을 사용해야 한다는 의무도 없다. 지침과 규정을 어긴 사람들에 대한 형사처벌 조항도 없다. 그러나 일부 의사, 법률가, 생명윤리학자 들이 이를 형사처벌할 수 있는 법률 수준으로 승격시키려고 시도하고 있다. 중국의 과학자들도 어떤 종류의 연구를 행할지 여부에 대한 결정을 포함해 인간 생식세포 유전자 편집 연구를 규제할 투명한 규정이나 지침을 도입하라고 호소했다. 그렇지 않으면 적절한 기초 연구라도 윤리적 논쟁을 불러일으키고 그에 따라 좋은 과학적·윤리적 질을 갖춘 연구를 방해할 수 있다고 그들은 우려한다.[11]

허 젠쿠이는 AP 통신과의 인터뷰에서 중국에는 지침은 있지만 위반 행위를 처벌하는 형사조항이 없기 때문에 신생아 출생으로 이어지는 인간 배아의 유전자 편집이 합법적이라고 생각한다고 말했다.

허 젠쿠이는 이 허점을 기회라고 생각했다. 때로는 미국이나 유럽에서 승인받기 어렵거나 재정 지원을 받지 못하는 연구자들이 중국에서 기회를 노린다.[12]

이것은 윤리 덤핑 현상의 한 예가 될 수 있다. 윤리 덤핑은 보통 부유하고 규제가 엄격한 어떤 나라의 연구자들이 자국에서 허용되지 않는 실험이나 허용될 수 있지만 논란이 많은 실험을 가난하고 규제가 느슨한 다른 나라에서 수행하는 것이다. 가장 우려스러운 경우는 임상시험과 관련된 것인데, 여기서는 연구 참여자의 건강과 생명이 위태로워질 수 있다. 과학이 점점 국제화되면서 의도적이든 비의도적이든 윤리 덤핑의 위험성은 더 높아졌다.[13]

허 젠쿠이의 실험으로 인해 인간 유전체 편집의 윤리적 사용에 관한 강력한 국제적 합의 도출과, 어떤 유전체 변형을 허용할 것인지 여부를 둘러싼 강력한 규제 틀이 필요하다는 사실이 드러났다.[14] 중국으로부터의 뉴스는 모든 나라들이 이상적으로 채택할 수 있는 적절하게 엄격한 일련의 규제에 대해 생각해야 함을 입증한다.[15]

허 젠쿠이를 향한 정부의 비난 및 저명한 과학자들의 반응으로 미루어 볼 때, 중국의 배아 연구 규제는 강화될 것으로 보인다. 여기에는 다양한 유형의 연구 승인과 금지에 대한 시행 메커니즘과 기준이 모두 포함될 수 있다. 이 강화 조치는 현재 의견을 수렴하는 과정이기 때문에 최종적으로 어떤 특징을 가질지 분명하지 않다. 대중과 과학자들, 그리고 정책 입안자들 사이에 배아 연구에 대한 태도는 상당한 차이가 있어, 중국의 적절한 규제에 대해 어떤 합의가 이루어질지 예측하기란 쉽지 않다.[16]

베이징 칭화 대학교의 에이즈 연구자 장 린치(Linqi Zhang)는 "전 세계가 유전자 편집을 규제하는 데 같은 어려움을 겪고 있다. 이 실험에서 한 명의 연구자가 실수를 저질렀다고 해서 그것이 중국의 입장을 대표하는 것은 아니다. 나는 우리 모두가 그것으로부터 배우고 과학 연구에 관한 윤리적인 규칙과 규정에 대한 인식을 높여야 한다고 생각한다"고 말했다. 노르웨이 베르겐 대학교의 중국의학연구윤리 전문가인 라이다르 리에(Reidar Lie)는 "이번 사건은 감독 체계를 개선하는 계기가 될 수 있다. 나는 중국이 유전자 편집을 보다 효과적으로 감독할 것이라고 확신한다. 나는 중국이 영국과 유사한 허가제도를 채택해야 한다는 의견이다. 특정 절차와 연구는 특정 기관에서만 수행되어야 하며, 그러한 연구는 인가를 받은 기관윤리심의위원회가 검토해야 한다"고 말했다.[17]

중국인들은 생식 연구, 유전자 검사, 유전자 변형에 대해 특히 관대한 태도를 가졌다고 주장되기도 한다. 대부분의 중국인들은 일반적으로 접합체의 형성이나 출산 전이 아니라 아기의 탄생에서부터 인간이 비롯된다고 믿고 있다. 그러나 그런 믿음이 배아에 대한 모든 종류의 연구가 허용될 수 있다는 데까지 확대될지는 불확실하다. 사람들이 배아 발달 단계를 더 잘 알게 되면, 인간으로 인식되는 특징이 나타나는 배아에 관한 연구의 승인을 중국에서도 꺼릴 수 있다. 상당수의 중국 의사들은 인간 배아를 우리가 존중해야 할 생명의 한 형태라고 생각하며, 인간 생명이 접합체 단계에서 시작되며, 따라서 접합체를 파괴하는 것은 인간의 생명을 파괴하는 것과 같다고 믿는다. 배아의 기초과학적 연구 수행을 법적으로 허가했다고 해도 생식세포 유전자 편집과 관련된 연구나 실행 또는 합성 배아 유사체 연구를 수용해야 하는 것으로 해석되지는 않는다.[18]

현재 중국에서는 생식세포 유전자 편집에 대해 활발한 논의가 이루어지고 있다. 첫째, 우리가 체외에서 배아나 배우자세포와 같은 인간 생식세포에 대한 기초 연구를 해야 하는지에 대해서는 여전히 의견이 분분하다. 어떤 이들은 생식세포 유전자 편집은 인간의 유전적 다양성을 파괴하거나 심지어 인간의 멸종으로 이어질 수 있고, 미래 세대에 큰 해를 끼칠 것이며, 디자이너 베이비에 대한 두려움, 열려 있는 미래에 대한 아이의 권리 침해, 이런 종류의 기술에 접근하는 부정의, 유전적 차별, 인간 유전에 미치는 영향 등을 유발할 수 있기 때문에 기초 연구조차 반대한다. 물론 또 다른 이들은 기초 연구가 허용되어야 한다고 주장한다.

중국의 주류 생명윤리학자들은 배아나 태아가 인간이 아니라는 데 동의하지만, 인간은 다른 종보다 도덕적 지위가 더 높기 때문에 어떤 합리적이고 적절한 이유 없이 조작하거나 파괴해서는 안 된다고 생각한다. 배아의 기초 연구는 과학 발달에 중요하지만, 그것은 미래 세대의 의료와 복지를 위한 것이어야 한다. 또한 기관윤리심의위원회의 심의를 거쳐야 하며, 잘 통제되어야 한다. 둘째, 중국이 유전자 변형을 적절히 규제하지 않을 경우 디자이너 베이비, 유전적 증강, 인간 유전성 파괴 등의 이슈를 우려하는 시각도 있다. 셋째, 생식세포의 유전적 증강에 대해 대부분의 학자들은 허용해서는 안 된다고 생각하지만, 몇몇은 미래에는 신중하게 평가하여 증강이 허용되어야 한다고 주장한다. 넷째, 일부는 과학자와 연구 참여자가 인간의 발달과 관련된 그들의 행위에 대해 책임을 져야 한다고 주장해 왔다. 다섯째, 과학자, 생명윤리학자, 사회학자, 법률가, 정책 입안자 및 대중 사이의 변화가 중요하다는 점을 강조한다. 중국에는 건강이나 증강을 목적으로 유전자 편집이나 변형에 대한 대중의 태도를 다룬 믿을 만한 조사가 별로 없다. 대부분의 중국인이 서구인보다 유전적인 증강을 더 긍정적으로 생각한다는 증거도 충분하지 않다. 중국은 개인의 자율성을 침해하는 국가가 통제하는 생식 정책으로 정의되는 우생학을 받아들이지 않는다. 이는 중국에서도 비윤리적이며 용납할 수 없는 것으로 간주된다.[19]

따라서 생식세포 유전자 편집과 배아 연구에 의해 제기된 새로운 이슈로 중국의 정책 입안자와 연구 기관 들이 광범위하고 심층적인 공개 토론의 메커니즘을 확립할 좋은 기회를 얻게 되었다. 수십 년 전과 달리 중국은 이제 요구되는 과학적·생명윤리학적 전문성을 모두 갖추고 있다. 중국의 유전학 연구가 강세라는 것은 국제 사회에 잘 알려져 있지만, 중국의 주요 대학에서 생명윤리가 활발하게 연구된다는 것은 이에 비해 잘 알려지지 않았다. 위에서 언급한 중국 전문 학술지에서 벌어지고 있는 토론 이외에도 중국에서는 연구자, 생명윤리학자, 정책 입안자 들이 참여해 새로운 기술에 대한 적절한 규제 틀에 대해 활발한 논의를 시작하고 있다. 예를 들어, 우한 과학기술대학이 조직한 유전학 연구의 연구윤리를 다루는 정기 포럼이 있다. 중국 최고의 의대인 베이징 대학에서는 과학자, 의사, 생명윤리학자, 정책 입안자 들이 정부 정책을 수립하기 위해 유전자 치료와 줄기세포 치료에 대한 국가적 논의에 참여하고 있다. 중국에서는 매년 생명윤리회의가 열려 한국, 일본, 싱가포르와 같은 주요 연구집약적 아시아 국가의 연구원들이 정기적으로 모인다. 중국 법률에서는 인간 배아에 대한 기초 과학 연구를 금지하지 않으며, 중국인들은 부분적으로는 중국의 인구 정책과 낮은 복지 수준 때문에 질병으로부터 아기를 보호하기 위한 연구와 시술에 대해 관용적인 태도를 보이는 것 같다. 중국인들이 미국과 같은 나라보다 더 관용적인 태도를 가지고 있음을 나타내는 긍정적인 데이터는 없지만, 중국의 시각을 포함하면 국제 여론은 더 관용적인 방향으로 움직일 가능성이 있다.[20]

하지만 불행하게도 현재 서구와 중국의 연구원들과 생명윤리학자들이 교류할 기회는 거의 없다. 중국 내에서는 상호작용과 논쟁이 활발한 반면, 서구의 연구원과 생명윤리학자는 중국 집단이 어떤 이슈와 입장을 중요하게 생각하는지 대부분 모르고 있다. 언어 장벽도 분명한 이유 중 하나이지만, 중국과 서구의 연구자와 생명윤리학자 사이의 국제적인 수준에서 적극적이고도 지속적인 상호작용을 위한 제도적 틀 역시 부족하다. 유럽위원회, 미국 국립보건원, 웰컴 트러스트와 같은 국제 연구의 주요 후원자들은 생명윤리학자와 연구자, 그리고 정책 입안자 들이 활발하게 상호작용할 수 있는 제도적 틀을 개발하도록 지원을 고려해야 한다. 모든 기관들이 연구윤리학의 역량 강화를 성공적으로 지원했지만, 주로 인간 대상 연구에 집중했다. 이론적으로, 이런 활동에 대한 기금은 이제 넘쳐나고, 향후 유사한 활동을 지속적으로 지원한다고 해도 부가가치를 거의 거둘 수 없다. 하버드 그룹이 적절하게 제안했듯이, 배아와 태아 연구의 새로운 기술 발전과 관련된 더 복잡한 도덕적 문제들에 대해 긴급히 관심을 기울일 필요가 있다. 하지만 이것은 국가적 차원이 아니라 국제적 차원의 상호작용이 필요하다.

1) Ed Yong, "The CRISPR baby scandal gets worse by the day", The Atlantic (2018. 12. 3.), https://www.theatlantic.com/science/archive/2018/12/15-worrying-things-about-crispr-babies-scandal/577234/

2) Sheldon Krimsky, "Ten ways in which He Jiankui violated ethics", Nature Biotechnology 37, 2019, 19-20.

3) Editorial Board, "The Science of gene editing demands caution and consensus. News of a reckless experiment demonstrates the dangers", Bloomberg (2018. 12. 12.), https://www.bloomberg.com/opinion/articles/2018-12-12/crispr-babies-gene-editing-in-embryos-demands-caution-consensus

4) Jing-ru Li, Simon Walker, Jing-bao Nie, Xin-qing Zhang, "Experiments that led to the first gene-edited babies. the ethical failings and the urgent need for better governance", Journal of

Zhejang University—Science B, 20(1), 2019, 32-38.

5) Di Zhang, Reider K. Lie, "Ethical issues in human germline gene editing: a perspective from China", Monash Bioethics Review 36(1-4), 2018, 23-35.

6) Di Zhang, Reider K. Lie, "Ethical issues in human germline gene editing: a perspective from China", Monash Bioethics Review 36(1-4), 2018, 23-35.

7) Di Zhang, Reider K. Lie, "Ethical issues in human germline gene editing: a perspective from China", Monash Bioethics Review 36(1-4), 2018, 23-35.

8) Xiaomei Zhai, Vincent Ng, Reider Lie, "No ethical Divide between China and the West in human embryo research", Developing World Bioethics (2016. 1. 21.), DOI: 10.1111/dewb.12108.

9) Di Zhang, Reider K. Lie, "Ethical issues in human germline gene editing: a perspective from China", Monash Bioethics Review 36(1-4), 2018, 23-35.

10) Xiaomei Zhai, Vincent Ng, Reider Lie, "No ethical Divide between China and the West in human embryo research", Developing World Bioethics (2016. 1. 21.), DOI: 10.1111/dewb.12108

11) Di Zhang, Reider K. Lie, "Ethical issues in human germline gene editing: a perspective from China", Monash Bioethics Re-

view 36(1-4), 2018, 23-35.

12) Christiana Larson, "Gene-editing Chinese scientist kept much of his work secret", Medical Xpress (2018. 11. 27), https://medicalxpress.com/news/2018-11-gene-editing-chinese-scientist-secret.html

13) "Recent events highlight an unpleasant scientific practice: ethics dumping", The Economist (2019. 1. 31.), https://www.economist.com/science-and-technology/2019/02/02/recent-events-highlight-an-unpleasant-scientific-practice-ethics-dumping

14) GlobalData Healthcare, "CRISPR babies an ethical framework is urgently needed", VERDICT (2018. 12. 7.), https://www.medicaldevice-network.com/comment/crispr-babies-ethics/

15) Editorial Board, "The Science of gene editing demands caution and consensus. News of a reckless experiment demonstrates the dangers", Bloomberg (2018. 12. 12.), https://www.bloomberg.com/opinion/articles/2018-12-12/crispr-babies-gene-editing-in-embryos-demands-caution-consensus

16) Di Zhang, Reider K. Lie, "Ethical issues in human germline gene editing: a perspective from China", Monash Bioethics Review 36(1-4), 2018, 23-35.

17) Alice Klein, Michael LePage, "The gene editing revelation that

shocked the world", NewScientist (2018. 12. 5.), https://www.newscientist.com/article/mg24032073-700-the-gene-editing-revelation-that-shocked-the-world/

18) Di Zhang, Reider K. Lie, "Ethical issues in human germline gene editing: a perspective from China", Monash Bioethics Review 36(1-4), 2018, 23-35.

19) Di Zhang, Reider K. Lie, "Ethical issues in human germline gene editing: a perspective from China", Monash Bioethics Review 36(1-4), 2018, 23-35.

20) Di Zhang, Reider K. Lie, "Ethical issues in human germline gene editing: a perspective from China", Monash Bioethics Review 36(1-4), 2018, 23-35.

17

실험의 장기적 결과

마리아 제이신(MJ): 뉴욕 슬로언케터링 암센터의 마리아 제이신(Maria Jasin)입니다. 나는 이 연구에 대해 듣자마자 많은 과학적 의문이 들었고, 이 두 자매에 대해 아주 개인적인 감정을 갖게 되었습니다. 모든 것이 철저하게 조사되었다면, 예를 들어 두 자매에 대한 적절한 논의가 있었을지도 모른다고 생각합니다. 그중 한 명이 이제 HIV 감염에 저항성을 갖게 되었다고 가정한다면 그것은 당신이 구체적으로 강조한 부모나 부친이 바라던 결과였을 것입니다. 가족의 역학관계 속에서 이 두 딸은 다른 대접을 받게 될 것입니다. 즉 HIV 감염에 저항성을 나타내는 소녀는 다른 대우를 받을 것입니다. 이 소녀는 이제 당신 생각으로는 부모가 양육하기에도 훨씬 수월할 것이고, 또 나중에 결혼을 하고 아이를 갖는 사안에 있어서도 역학관계가 모두 바뀔 것입니다. 왜냐하면 장차 배우자가 될 사람은 가족 내에서의 이 돌연변이 발생에 특히 관심이 있을 수 있기 때문입니다. 그래서 이 매우 간단한 사례에서도 가족 내에서 이 두 소녀의 입지가 서로 다를 것이라는 사실과, 질병 교정이 아니라 증강된 보호 형질과 같은 새로운 것이 집단 내로 도입된 것을 알게 됩니다.

HJ: 나는 이런 것에 대해 철학적으로 생각하는 것이 중요하다고 생각하기 때문에 이 점에 대해 깊이 숙고했습니다. 나는 유전체 편집의 공정한 가치에 대해 책을 쓰고 싶었습니다. 실제로 부모들은 우선 아이들의 자율성을 존중해 달라고 주장했습니다. 그래서 그들의 미래, 그들의 명성을 통제하기 위해 유전자나 다른 어떤 도구를 사용해서 아이들은 선택할 수 있는 자유와 자율성에 완전한 잠재력을 갖고 자신의 삶을 추구하도록 할 수 있습니다. 그들의 삶은 좋아질 것입니다.

MJ: 하지만 그들은 18년 동안 아이로 지내야 하고, 지금은 그런 자율성을 가지고 있지 않아요. 그들의 유전자형은 그들의 양육 과정에 상당한 영향을 미칠지도 모릅니다. 심지어 그들의 부모나 친척이 그들을 어떻게 인식하는지도 알지 못합니다.

LB: 그들은 아마도 어느 시점에서는 알게 될 것이기 때문에 시범 케이스가 될 것입니다.

크리스퍼 유전자가위를 이용한 HIV 저항성 유전자 편집 아기는 질병의 치료라기보다는 질병의 예방과 관련되기 때문에 유전자 증강에 가깝다.

생식세포 변형은 유전자 편집 아기들의 자율성을 증진시키기는커녕 오히려 침해할 수 있다. 아기들은 자신의 유전체를 변형시키는 것에 동의하지 않았고, 임상시험의 대상자라고도 할 수 없기 때문에 편집된 아기의 자율성은 무시되었다. 그러나 이것은 자연생식을 포함해 모든 생식에 해당하며 동의 전이나 동의 시점에 존재하지 않았기 때문에 자율성 해석의 타당성이 떨어진다.

생식세포 변형은 아기의 열린 미래에 대한 권리를 훼손한다. 즉 아기는 부모의 기대를 최적으로 충족시키기 위해 미리 결정된 일종의 틀에 맞춰 만들어진다. 이것은 특정 아동을 도구화할 뿐만 아니라 동시에 보다 일반적으로 인간에 대한 존중을 훼손할 것이다.

정치평론가 마이클 샌델(Michael J. Sandel)은 우리가 자녀들 삶의 모든 부분, 자녀가 요구하지 않은 유전적 디자인에 대한 개방성을 통제하지 말아야 한다고 주장한다. 또한 생식세포 변형의 문제는 인권과 관련이 있다. 마리아 제이신은 부모의 디자인대로 태어난 아기와 그렇지 못한 아기의 가족 내 권력관계에 대해 질문한다.

만약 아이가 부모의 디자인에 따라 태어난다면, 우리가 디자인하는 다른 제품처럼 아이를 취급하기 쉽다. 물론 우리는 지금도 우리의 자녀를 디자인한다. 피아노 레슨을 받게 하고 수영을 가르친다. 그러나 유전자 증강은 이 디자인이 몸 속에 내장되기 때문에 피아노 레슨과 달리 자녀가 거부 의사를 표시할 수 없다. 유전자 증강은 더욱 강력하고 지속적이다.

자녀를 있는 그대로 받아들이기 어렵게 되면 부모와 자녀의 관계는 틀어진다. 우리 자신이 디자인을 위해 들인 노력을 생각하게 된다. 어떤 특별한 방식으로 정확하게 디자인했는데도 기대에 못 미친다면 기본적으로 실패한 제품으로 간주할 것이다. 자녀에게 완벽함을 기대하면 무조건적인 사랑을 하기가 더욱 어려워진다. 우리는 선물이 아니라 제품으로 자녀를 인식하고, 만약 우리가 그들을 제품으로 인식하게 된다면 은연중에라도 제품으로 취급하려 할 것이다. 더 나아가 우리는 모든 사람들을 제품으로 취급하려 할 것이다.[1]

HIV 저항성을 부가하는 것과 같이 기본적인 인간의 특성을 바꾸는 것은 불평등과 부당한 상황을 초래할 수 있다. 세간의 관심이 너무 크기 때문에 언젠가 이 소녀들의 신분은 드러날 수밖에 없다.[2] 변형된 사람이 변형되지 않은 사람들보다 가족관계나 배우자 선택에서 우월하고 부당하게 특권을 부여받거나, 편집된 사람들이 더 이상 자연적인 인간으로 간주되지 않는다면 결과적으로 인권이 박탈당할 수 있다.[3] 1978년 시험관 수정으로 태어난 첫 번째 아기인 루이스 브라운은 자연분만한 아이들과 같다는 사실이 밝혀질 때까지 외계인 취급을 받았다. 유전자 편집을 통해 변형된 루루와 나나도 유전자 편집을 통해 단백질이 변형되었다고 놀림을 받을 수 있다.[4]

1) 전방욱, 《DNA 혁명 크리스퍼 유전자가위》, (이상북스, 2017), 133 쪽.

2) Alex Lash, "'JK told me he was planning this': A CRISPR baby Q&A with Matt Porteus", Xconomy (2018. 12. 4.), https://xconomy.com/national/2018/12/04/jk-told-me-he-was-planning-this-a-crispr-baby-qa-with-matt-porteus/

3) "Responsible innovation in human germline gene editing."

4) Ricki Lewis, "Viewpoint: putting CRISPR babies in context-learning from the past instead of the panicking in the present", Genetic Literacy Project (2018. 12. 4.), https://geneticliteracy-project.org/2018/12/04/viewpoint-putting-crispr-babies-in-context-learning-from-the-past-instead-of-panicking-in-the-present/

18

허 젠쿠이의 진의

LB: 이제 마무리를 해야 할 것 같습니다. 언론으로부터 받은 두 개의 질문에 마저 답하는 것으로 마무리하면 좋겠습니다. 이 질문 중 일부는 여러 번 반복된 것입니다. 당신이 심사를 받고 논문을 사전 출판하려는 계획이 성공했어도 역시 많은 소동이 발생했을 것입니다. 당신은 지금 일어난 이 모든 소동, 이 모든 반응을 예상했습니까?

HJ: 내 원래의 계획이나 모든 생각은 미국이나 영국이 여전히 의무라고 표현하는 윤리에 바탕을 두었기 때문에, 또 대다수 중국 대중이 HIV 예방 등을 위해서는 인간 유전체 편집을 지지한다는 여론조사 때문에, 지금 뉴스로 보도되는 것을 모두 예상했습니다.

LB: 마지막 질문입니다. 그렇다면, 당신의 아기였어도 이 일을 계속했을까요?

HJ: 그렇습니다. 내 아이가 같은 상황이라면, 난 최초로 그것을 시도했을 것입니다.

LB: 좋습니다. 이제 마쳐야 할 것 같습니다. 감사합니다.

허 젠쿠이에 대한 평가는 극명하게 엇갈린다. 한 엘리트 과학자가 인습에 얽매인 동료들의 경고를 물리치고 금단의 선을 넘어 생명을 구하는 기술을 완벽하게 구사한다. 비밀의 망토 아래 낮은 확률에도 불구하고 그는 에이즈에 면역력을 갖는 최초의 유전자 편집 쌍둥이 아기를 세상에 선사한다.

허 젠쿠이를 비판하는 입장에서 보면, 어떤 기회주의적인 젊은 연구자가 실험 대상자들을 거짓말로 속이고, 감독 기구 몰래 문서를 위조하고, 당국자들을 우롱하고, 업적을 발표하기 위해 홍보 캠페인을 벌인 다음 홀연히 대중의 시야에서 사라져 버린다.

〈월드 매거진〉(*World Magazine*)의 칼럼니스트 재니 비니(Janie B. Vheaney)는 "국제적으로 미스테리한 이 남자는 누구인가"라는 의문을 제기하고 있다.[1]

허 젠쿠이는 자신을 위대한 과학적 진보를 이끈 선구자로 여기지만, 과학계는 적절한 토론 없이, 다른 과학자의 조언도 구하지 않고,

과학계의 전반적 합의를 완전히 무시하면서 불투명한 방식으로 실험을 진행한 무책임한 사람이라고 그를 평가한다.[2] 키란 무슈누루는 "이것을 역사적인 업적이라고 생각하지 않는다. 이것을 역사적 윤리 위반이라고 부를 것"이라고 했다.[3]

허 젠쿠이가 무리한 연구를 추진한 이유를 연구자의 개인적 차원에서, 즉 그의 자만심과 단순함, 그리고 아마도 어려움에 처한 사람들을 돕고자 하는 진정한 욕구에서 찾을 수도 있을 것이다.

허 젠쿠이의 행적을 추적해 보면 생식세포 유전체 편집을 둘러싼 그의 진의를 더 파악할 수 있지 않을까? 그는 일찍부터 생식세포 유전체 편집의 실행 가능성과 윤리에 관심을 가지고 있던 것 같다. 허 젠쿠이는 2017년 1월에 윌리엄 헐버트와 제니퍼 다우드나가 함께 개최한 "유전자 편집의 도전과 기회: 반성, 숙의 및 교육" 워크숍에 참석했다. 이곳에서는 유전자 편집 아기를 출생시켜야 하는지에 대한 논의도 이루어졌다.

제니퍼 다우드나는 크리스퍼 베이비의 출생이 불시에 발표되는 것이 최악의 시나리오라고 우려했다. 허 젠쿠이는 '진화와 인간 발달'이라는 세션에서 생쥐, 원숭이, 인간 배아를 편집한 결과를 발표했으나 다른 학자들이 이미 발표한 수준을 넘지 못해 참석자들에게 깊은 인상을 주지는 못했다. 그는 배아를 유전자 편집한 후 상세한 시퀀싱 연구를 통해 의도하지 않은 표적 이탈 문제가 미미했으며, 만일 표적 이탈이 발생하더라도 이를 발견할 수 있을 것이라고 밝혔다. 그러나 그는 크리스퍼로 배아 내의 모든 세포를 동일하게 편집하지 못해 모자이크현상을 쉽게 통제할 수 없었다. 2017년 발표

에 따르면, 그의 실험 결과는 대다수가 모자이크현상을 나타냈다.[4]

이 학술회의를 기점으로 해서 허 젠쿠이는 크리스퍼의 대가들과 개인적으로 맺은 교분을 십분 활용했다. 특히 윌리엄 헐버트와는 몇 차례 만났고 인간 배아 연구를 둘러싼 과학과 윤리에 대해 대화를 나누었다. 허 젠쿠이는 이 대화에서 HIV 환자들의 사회적 고통을 덜어 주기 위해서라면 일반 대중이 아직 이해나 수용을 하지 못하더라도 생식세포 유전체를 편집해야 한다고 주장했다. 그는 사회적 약자의 이익이 윤리적 원칙이나 충실성에 우선한다고 생각했던 것 같다.[5]

허 젠쿠이는 동영상에서도 "몇몇 아동에게 있어 조기 유전자 수술은 유전적인 질병을 치료하고 평생 고통 받는 것을 막을 수 있는 실행 가능한 유일한 방법일 것이다. 우리는 당신이 그들에게 자비를 베풀 수 있기를 바란다. 그들의 부모는 '맞춤 아기'를 원하지 않는다. 의학이 막을 수 없는 질환의 고통을 겪지 않을 아이를 바랄 뿐이다. 유전자 수술은 치유를 위한 기술이고, 앞으로도 그럴 것이다. ···나는 내 일이 논란의 여지가 있을 것이라고 생각하지만, 가족들은 기술이 필요하고 나는 그들을 위해 비판을 감당할 용의가 있다"고 말했다.[6]

다른 동영상에서는 "소리를 높이는 비판자들이 있을 수 있지만, 한 아이가 유전병으로 고통 받는 것을 지켜보는 숨죽인 많은 가족들이 있다는 것을 기억하십시오. ···그들은 〈뉴욕 타임스〉가 인용하는 윤리 센터의 책임자는 아닐 수 있지만, 그들의 삶이 달려 있기 때문에 무엇이 옳고 그른지에 대해서는 권위자입니다"라고 탄원했다.[7]

2017년 7월, 허 젠쿠이는 콜드스프링하버연구소에서 열린 "유전체 공학: 크리스퍼 유전자가위 혁명"이라는 학술회의에서 생쥐, 원숭이, 인간의 생식세포 유전체 편집의 안전성 평가에 관해 발표했다. 이 학술회의에서 그는 시험관 수정을 통해 만든 인간 배아에서 표적 DNA가 변화했고, 비의도적인 편집이 거의 이루어지지 않았음을 보고했다. 이번에도 심각한 문제는 배아의 세포들 중 일부만 성공적으로 편집되어 모자이크현상이 나타난 것이었다. 하지만 허 젠쿠이는 배아들이 하나 내지 두 개의 세포로 구성된 초기 배아에 크리스퍼 유전자가위를 두 번 주입함으로써 편집된 세포의 비율을 늘릴 수 있었다고 말했다.

허 젠쿠이는 편집된 수정 배아를 사용해 임신을 시작할 계획을 밝히지 않았다. 오히려 그는 1999년 유전체 편집보다 훨씬 앞선 유전공학의 형태라고 할 수 있는 유전자 치료 실험 중 제시 젤싱거(Jesse Gelsinger)가 사망한 것이 이 분야를 10년 이상 후퇴시켰다는 사례를 인용하며 발표를 끝냈다. 이러한 죽음과 이들이 연구에 끼칠 수 있는 부정적 효과를 피하기 위해, 그는 과학자들에게 유전체를 편집하기 전에 신중하게 행동할 것을 촉구했다. "크리스퍼로 처리한 배아를 사용해 출산을 시도하려는 유혹을 받는 연구자들은 그러한 사실을 기억해야 한다." "나는 모든 사람들에게 우리가 느리게 약간의 주의를 더 기울여 이런 종류의 연구를 해야 한다는 점을 상기시키고 싶다." "한 번의 실패가 전체 분야를 죽일 수 있기 때문이다."[8] [9]

한편으로는 여러 학자들과 크리스퍼에 의한 유전자 편집 아기 출생이 가질 수 있는 과학적·윤리적인 문제를 논의했지만, 그는 자신의 계획을 마침내 실행에 옮겼다. 계획을 직간접적으로 전해 들은 과학자와 윤리학자 들은 대부분 그의 계획에 반대했다. 그러나 그는 1975년 최초의 시험관 아기(루이스 브라운) 실험과 2015년 중산 대학 황 준주 교수의 최초의 인간 배아 유전자 편집 실험이 당시에는 윤리적으로 엄청난 비난을 받았지만 이후 관행으로 자리 잡은 사실을 보고 용기를 얻었을지도 모른다.

허 젠쿠이 자신도 동영상에서 "역사는 우리가 윤리적으로 옳다는 것을 증명해 줄 것입니다. 1970년대의 루이스 브라운을 회고해 보십시오. 동일한 공포와 비난이 지금도 반복되고 있습니다. 하지만 IVF는 분명 가족에게 도움을 주었습니다. 20-30년 내에 유전자 수술의 도덕성에 대해서도 의심하지 않는 날이 올 것입니다"라고 자신감을 피력했다.[10] 그러나 유전자 편집 아기를 만들려고 한 의도가 아무리 숭고했다고 해도 그의 연구 방법은 참여자를 모집하고 동의를 얻는 과정, 실험을 설계하고 결과를 해석하고 오류를 시정하는 측면에서 서툴기 짝이 없었다.

그러나 허 젠쿠이와 같은 과학자가 실험을 강행할 수 있었던 이유를 중국의 독특한 생의학 및 생명공학 관행과 같은 사회적 배경에서 찾기도 한다. 처음에 중국 언론은 소녀들의 DNA를 편집했다고 발표한 과학자 허 젠쿠이를 축하했다. 실제로 금세 사라지기는 했지만 허 젠쿠이가 세계 최초로 유전자 편집 아기를 만들었다고 축하하는 〈인민일보〉 사설이 등장하기도 했다.[11]

일부 전문가들은 노벨상 수상자가 탄생할지도 모른다고 추측했다. 중국의 인기 플랫폼인 '웨이보'(www.weibo.com)에서는 "유전자 편집된 HIV 면역 아기의 최초 사례"라는 해시태그를 본 사람이 19억 명에 달했다. 그러나 세계적인 비난이 쇄도한 이후 이 흐름은 바뀌었다. 〈네이처〉의 보도에 따르면, 11월 27일 허 젠쿠이가 사람들에게 유전자에 관한 정보를 제공해 온 남방과기대학 실험실의 웹 페이지는 폐쇄되었다. 허 젠쿠이의 성과를 칭찬했던 수많은 성명서들도 정부의 사이트에서 사라졌다. 허 젠쿠이가 개발한 유전체 시퀀싱 기술을 설명한 과학기술부 사이트의 포스팅과 허 젠쿠이의 유전체 시퀀싱 기술을 칭찬한 천인계획의 포스팅에도 현재 접근할 수 없다. 정부 사이트에서 그의 다른 연구를 칭찬하는 내용과 더불어 그의 실험실 웹 페이지는 사라졌다.

최초가 되려 했던 중국의 야망은 기준을 만들고 시행하려는 욕구와 충돌했다. 2015년 4월, 인간 배아를 최초로 편집한 사람들도 중국 과학자들이었다. 그러나 중국에서는 출생 이후에만 사람으로 인정하는 유교적 전통이 있어서 서구에 비해 그다지 논란이 크지 않았다. 이후 중국에서는 유전자 편집에 관한 법을 정비해 임상 사용은 금지하지만 기본적인 배아 연구는 비교적 자유롭다.[12]

이런 중국의 관용적 태도는 중국의 생의학과 생명공학 기술 발전에 엄청난 이점으로 작용할 수 있다. 중국은 뒤늦게 인간 게놈 프로젝트에 참여하면서 이 분야에서 서구를 따라잡기 위해 대대적인 투자를 해 왔다. 또한 중국은 미래의 기술을 장악하려는 노력의 일환으로 2016년부터 국내외 제약업계에 대한 규제를 과감하게 개혁했다. 그 개혁의 목표는 중국 중산층이 최고의 의료 서비스를 받고, 중국 연구원들이 세계 생명공학 경쟁에서 앞서 나가는 것이다.

그러나 이로 인해 어떤 경우에는 초기 단계에 있는 연구계는 오히려 해가 될 수 있는 자유를 누리고 있다. 허 젠쿠이의 실험은 그 연구가 충분히 통제되지 않고 있다는 우려를 불러일으켰다. 크리스퍼 유전자가위는 여전히 초기 기술이고 모든 부작용이 완전히 알려진 것은 아니다. "이 기술을 가지고 정말로 앞서가야 한다는 사회적 압력이 있기 때문에 어떤 사람들은 선을 넘고 있는 것 같다"고 파스퇴르연구소의 미생물학 연구원 데이비드 비카드(David Bikard)가 말했다.[13]

특히 허 젠쿠이가 자리를 잡은 선전 지역은 중국 최초의 경제 특구로, 위험이 크지만 그에 따른 보상 역시 큰 개혁 개방의 본거지다. 선전은 수백 개의 기업이 번창한 곳이기도 하지만 성공할 수만 있다면 약간의 룰을 어겨도 눈감아 주는 그런 곳이다. 이 지역에서 빈번한 지적재산권 위반 사례와 마찬가지로, 무리한 유전자 편집 아이 실험은 약탈적인 개인과 기업에게 취약한 사람들의 권리가 희생되어도 상관없다는 풍토를 알려 준다.[14]

그런데 이런 경향을 중국에만 국한된 현상이라고 볼 수 있을까? 벤저민 헐버트는 "허 젠쿠이의 행동은 부분적으로는 과학 수행에 널리 퍼져 있는 동기들을 반영한다. 그의 연구는 한계를 뛰어넘고 중요한 영향을 미치려 하며, 헤드라인을 장식하고 인정받은 것을 목표로 한다. 도발적 연구, 명성, 국가 과학 경쟁력, 그리고 최초를 중시하는 과학 문화에 따라 행동할 때 그를 악당이라고 부르는 것은 잘못된 것이다"라고 주장했다.[15] 유전체 편집 아기의 출생이 처음 보도되었을 때 많은 크리스퍼 학자들과 배아학자들은 무엇보다 이를 둘러싼 논란으로 인해 생식세포 편집의 발전이 저해되지 않을까 우려했다.

또한 허 젠쿠이의 실험에 대한 반응들이 '인간의 유전자를 변형하는 것이 과연 바람직한가'라는 의문을 제기했다기보다는 실험이 수행된 방식에 대한 비난들이었다는 것을 주목하는 것이 좋을 것이다. 허 젠쿠이가 제2차 인간 유전체 편집 국제 정상회담에서 실험 결과를 발표했을 때, 많은 사람들은 이 연구가 비윤리적으로 이루어졌다는 점을 밝혀내기 위해 기존의 연구윤리 기반을 명백하게 위반한 결정적인 증거를 찾아내려고 했다.

연구윤리 기준을 완비하고 이를 위반한 사례를 발견했다고 해서 윤리적 책임을 다하는 것은 아니다. 과학계는 이처럼 단순하고 객관적인 이슈들에 집중함으로써 단지 감독 관행을 준수하기만 하면 연구가 윤리적이라고 판단할 위험성이 있다. 이런 방식의 접근은 무엇을 감시해야 하는지, 우리가 실험을 윤리적으로 수용할 수 있는지를 판단하는 데 도움을 줄 수 없다. 이는 생식세포 편집의 경우에 특히 중요하다. 왜냐하면 그것은 대부분의 전통적인 치료법과는 매우 다르기 때문이다.

영국 너필드 생명윤리위원회가 지적했듯이 그것을 치료라고 부르는 것은 옳지 않다. 배아 편집의 경우, 아프거나 치료를 받아야 할 아기는 아직 존재하지 않는 상태다. 유전자가위 분자가 정자와 난자에 동시에 전달되기 때문에 수태되고 치료를 받는 순간 환자가 된다. 그러므로 실험을 고려하는 단계에서는 치료받아야 할 아이가 없다. 따라서 부모의 욕망과 이익이 초점이 된다. 이들은 윤리적인 감독 과정이 주로 다루기 위해 만들어진 환자, 즉 연구 참여자들이다. 이것은 문제다. 실험의 결과로 생기는 아이의 이익에 우선순위를 매기지 않는 과정에 뭔가 누락된 것이 있다. 유전자 편집 아기를 출산하는 것은 정상 생식으로 출산하는 것보다 훨씬 위험이 크기 때문에, 아기의 이익을 고려한다면 실험을 해서는 안 될 것 같다.[16]

세계 최초의 유전자 편집 아기의 출생과 더불어 여러 측면에서 과학 및 연구윤리의 문제점이 논의되었지만 생명윤리에서 가장 중요한 인간 생명의 가치는 간과되었다. 과거 루이스 브라운 실험, 착상 전 유전자 진단, 배아 줄기세포 연구, 비임상적 배아 유전체 편집에서 꾸준히 논의되던 생명에 대한 윤리적 논의는 적어도 언론 기사에서는 자취를 감추었다. 유일하게 사제이자 신경과학자, 그리고 필라델피아 국립가톨릭생명윤리센터의 교육 책임자 타데우스 파콜치크(Tadeus Pacholczyk)만이 인간의 존엄에 근거해 인간 배아의 생식세포 편집을 비판했다.[17]

또한 타데우스 파콜치크 신부는 유전자 편집 아기들이 나이가 들어서야 발병할 수 있는 위험을 수반할 수 있다고 말한다. 우리의 자손에게 실험을 하는 것이 과연 적절한가? 그는 말했다. 우리가 특정 유전자가 맡은 역할을 충분히 이해한다고 생각하더라도 나중에야 그것이 또 다른 기능을 가지고 있다는 것을 깨달을 수 있다. 그리고 그것을 변형하면 결국 다른 엄청난 하류 효과를 갖게 된다. 그러나 이러한 변화는 인간 유전체 풀에도 전달되어 우리 인류에게 영구적이고 돌이킬 수 없는 변화를 확립할 것이다. 그는 "누가 이러한 위험을 어떻게 적절하게 평가할 수 있는가"라고 물었다.[18]

1) Janie B. Vheaney, "A call for boundaries", World Magazine (2018. 12. 20.), https://world.wng.org/2018/12/a_call_for_boundaries

2) Eben Kirksey, "Even China roundly condemns editing the genes of babies", WIRED (2018. 12. 7.), https://www.wired.com/story/even-china-roundly-condemns-editing-the-genes-of-babies/?fbclid=IwAR3l3ScD-moo4L-5HO54XXvOg1fOA7xrwpZ0F0KnpIlAFDEBpuq8AvInHm2I

3) Lila Tulin, "What's new and what's not in the reported birth of the CRISPR babies", Smithonian.com (2018. 12. 3.), https://www.smithsonianmag.com/science-nature/whats-new-whats-not-reported-birth-crispr-babies-180970935/

4) Antonio Regalado, "Years before CRISPR babies this man was the first to edit human embryos", MIT Technology Review (2018. 12. 11.), https://www.technologyreview.com/s/612554/years-before-crispr-babies-this-man-was-the-first-to-

edit-human-embryos/

5) Sharon Begley, "He took a crash course in bioethics. Then he created CRISPR babies", STAT (2018. 11. 27.), https://www.statnews.com/2018/11/27/crispr-babies-creator-soaked-up-bioethics/

6) The He Lab, "About Lulu and Nana", YouTube (2018. 11. 25.), https://www.youtube.com/watch?v=th0vnOmFltc&feature=youtu.be&fbclid=IwAR0dCF1WTNlB6qKRCejYp9gbMKcgztqMqMOWxXN49U2qUpfR8hUrJwvCpls

7) He Lab, "'Designer Baby' is an Epithet", YouTube (2018. 11. 25.), https://www.youtube.com/watch?v=Qv1svMfaTWU&list=PL0MrOF3n_8ZrklRxAm4zoA_zBiG7mvMU4

8) Andrew Joseph, Rebecca Robbins, Sharon Begley, "An outsider claimed to make genome-editing history-and the world snapped to attention", STAT (2018. 11. 26.), https://www.statnews.com/2018/11/26/he-jiankui-gene-edited-babies-china/

9) Sharon Begley, "Claim of CRISPR'd baby girl stuns genome summit", STAT (2018. 11. 26.), https://www.statnews.com/2018/11/26/claim-of-crispred-baby-girls-stuns-genome-editing-summit/

10) He Lab, "'Designer Baby' is an Epithet", YouTube (2018. 11. 25.), https://www.youtube.com/watch?v=Qv1svM-

faTWU&list=PL0MrOF3n_8ZrklRxAm4zoA_zBiG7mvMU4

11) Sharon Begley, Andrew Joseph, "The CRISPR shocker: How genome-editing scientist He Jiankui rose from obscurity to stun the world", STAT (2018. 12. 17.), https://www.statnews.com/2018/12/17/crispr-shocker-genome-editing-scientist-he-jiankui/

12) Eben Kirksey, "Even China roundly condemns editing the genes of babies", WIRED (2018. 12. 7.), https://www.wired.com/story/even-china-roundly-condemns-editing-the-genes-of-babies/?fbclid=IwAR3l3ScD-moo4L-5HO54XXvOg1fOA7xrwpZ0F0KnpIlAFDEBpuq8AvInHm2I

13) "China's gene-editing scientists still aiming for CRISPR supremacy", Bloomberg (2018. 12. 13.), https://www.bloomberg.com/news/articles/2018-12-12/china-s-scientists-still-aiming-for-gene-editing-supremacy

14) Hallam Stevens, "China's win-at-all-costs approach suggests it will follow its own dangerous path in biomedicine", The Conversation (2018. 12. 17.), https://theconversation.com/chinas-win-at-all-costs-approach-suggests-it-will-follow-its-own-dangerous-path-in-biomedicine-108658

15) David Cyranoski, "First CRISPR babies: Six questions that remain", Nature (2018. 11. 30), https://www.nature.com/articles/d41586-018-07607-3?fbclid=IwAR0-8JhkFEglRe0B-

PLCeFKeLgDBqhn4eE2NciJWWTqFlbQjbzp1yxM3zy−k

16) Hurlbut JB, Robert JS. "CRISPR babies raise an uncomfortable reality−abiding by scientific standards doesn't guarantee ethical research", Philly Voice (2018. 12. 26.), https://www.phillyvoice.com/crispr−babies−scientific−standards−ethical−research−gene−editing−experiment/?fbclid=IwAR-0lI0ceMewV6hACtmcZBkMxwkGfIZzCzV_OL3fY3XyqlIMb-Va03H−it7iw

17) Smith PJ. "After CRISPR Twins. Gene editing holds promise and peril for humanity", National Catholic Register (2018. 12. 27.), http://www.ncregister.com/daily−news/after−crispr−twins−gene−editing−holds−promise−and−peril−for−humanity?fbclid=IwAR2dKgFArNdK6ihy4brd13gLi-Fv4Kh−g7Y8asAjAezDHfVGz5ts_ert5S8c

18) Peter Jesserer Smith, "After CRISPR twins, gene editing holds promise and peril for humanity", National Catholic Register (2018. 12. 27.), http://www.ncregister.com/daily−news/after−crispr−twins−gene−editing−holds−promise−and−peril−for−humanity

19

후속 조치와 모라토리엄 논쟁

허 젠쿠이가 유전자 편집 아기 출생을 발표한 직후 중국 국가위생계획생육위원회, 과학기술부, 중국과협생명과학학회연구회 등은 허 젠쿠이의 유전자 편집 아기 실험이 아주 혐오스럽다고 말했고, 관련 부서들은 허 젠쿠이 연구팀의 과학연구 활동을 중단시키라는 명령을 받았다고 말했다. 과학기술부 차관 수 난핑(Nanping Xu)은 재빨리 허 젠쿠이의 연구실을 폐쇄하라고 지시하고 연구원들에게 모종의 처벌을 촉구했다. 연구에 대해 전혀 몰랐다는 입장을 발표한 남방과기대학의 총장 천 시이(Shiyi Chen)는 허 젠쿠이를 대학으로 초치했고 중국 공안 당국은 그를 기숙사에 연금하고 이후의 수사를 통해 그가 연구윤리를 심각하게 위반했다는 사실과 세 번째 유전자 편집 아기가 2019년 8월경 태어날 것이라는 사실을 확인했다.[1]

허 젠쿠이의 경우, 연구 기관과 관련 부처에 소속된 다수의 사람이 규정을 위반했을 가능성에 대한 조사가 개시되었다. 허 젠쿠이 자신이 인간 대상 연구 규정과 형법의 일반 규정을 위반했을 수도 있다. 그가 연구를 수행한 기관들은 불임클리닉의 허가와 관련된 규정과 인간 대상 연구 규정을 위반했을 수 있다. 따라서 허 젠쿠이 개인과 관련 기관 모두를 처벌할 가능성도 제기되었다.[2] 2019년 1월, 허 젠쿠이는 광둥성 위생부로부터 검열을 받고 대학에서 해고되었다.[3]

중국 의학아카데미의 카오 앤린(Yanlin Cao) 등은 문제는 처벌에 대한 명확한 조항이 없다는 점이라고 지적하며 다음과 같이 법적 규제틀을 제정하라고 촉구했다.

과학적 탐구에는 경계가 없지만 과학적·기술적 행동은 기본 규칙과 프로토콜을 준수해야 한다. 법적 지침은 인간의 유전공학 보호를 위한 최종 장벽 역할을 해야 한다. 현재 중국에는 인간 유전자 기술의 윤리에 관한 구체적인 법적 규정이 없다. 인간 유전자 기술의 윤리적 적용에 대한 규정은 주로 부서 규정과 행정 또는 규범 문서로 존재한다.

유전자 편집 기술은 근년에 급속히 발전했다. 과학기술을 규제하는 법률은 이러한 발전을 반영하기 위해 아직 개정되지 않았으며 충분히 포괄적이지 않을 수도 있다. 과학기술 진보에 관한 중화인민공화국 법 제29조는 국가 안보와 인간의 건강을 위태롭게 하거나 사회 공익에 해를 끼치거나 윤리에 어긋나는 연구개발 활동을 금지하고 있다. 본 법률은 실제로 윤리를 위반하는 과학기술의 연구 유형 및 적용에 대한 명확한 지침을 제공하고 있으며, 여기에는 특정 유전자 편집 적용이 포함된다. 불행하게도 그 법률은 규정을 위반하는 것에 대한 어떤 구체적인 결과도 언급하지 않았다.

윤리적 지침을 어긴 연구원들을 공개적으로 비난하는 것으로는 충분하지 않다. 대신 법과 규정을 어긴 사람은 반드시 처벌을 받아야 한다. 우리는 인간의 유전공학을 계도하고 윤리적 기준을 무시하는 사고를 막기 위해 과학기술 진보에 관한 중화인민공화국의 법률을 조속히 개정해 인적, 기관, 지원 단체의 법적 책임을 규정할 것을 제안한다. 동시에 중국 정부는 이미 태어난 두 유전자 편집 아기의 권리를 보호하는 조치를 취해야 한다.

우리는 인간의 유전공학에 관련된 법제를 강화할 것을 요구하지만, 과학과 기술 연구를 더 제한하는 것에 대해서는 그렇지 않다. 유전자 편집 등 관련 기술은 윤리적 기준, 기술 규범, 법률, 규정에 따라 개발해야 한다. 중국의 인간 유전자 공학 관련 법률이 국제적으로 참고자료로 활용될 수 있을 것이다.[4]

2019년 2월 26일 국가위생계획생육위원회는 인간 유전자 편집 사용을 제한하는 내용의 규정 초안을 내놓았다. 이 규정 초안에 따르면, 배아 등 생식세포에서 유전자 편집을 하기 위해서는 다른 고위험 생의학 실험과 마찬가지로 위원회의 승인이 필요하다. 위원회가 제안한 규정에는 벌금과 보조금 신청의 블랙리스트 등재를 포함한 고위험 생의학 기술의 승인되지 않은 사용에 대한 처벌이 포함되어 있다. 기존 규정은 인간 배아에서 생식 목적의 유전자 편집을 금지하고 있었지만 어길 경우 처벌 조항이 없었다. 허 젠쿠이가 대학에서는 해고를 당했지만 그가 한 실험으로 처벌받을 것인지, 또 어떤 처벌을 받을 것인지에 대한 징후는 아직 보이지 않는다. 이 규정은 또한 이러한 기술을 승인받지 않고 사용하면 기존의 국가법을 위반할 수 있으며, 이는 형사 고발로 이어질 수 있음을 명시한다. 국영 언론은 광둥성 정부가 허 젠쿠이 팀이 윤리 서류를 위조한 것을 발견했다고 보도했다. 제안된 규정에 따르면, 예를 들어 임상 연구에 대한 윤리적 허가를 얻기 위해 허위 정보를 사용한 사람에게는 5만-10만 위안 사이의 벌금을 물릴 수 있다. 그들의 연구 허가는 취소될 수 있고 5년 동안 연구가 금지될 수 있다. 금지된 기술을 승인 없이 임상 연구에 사용한 의료 기관도 5만-10만 위안의 벌금을 물게 되며 5년간 임상 연구비 지원권을 상실할 수 있다. 심각한 경우 의료 면허를 잃을 수 있다. 정부는 또한 불법적인 임상 절차에서 발생하는 이윤을 몰수할 것이다. 이 규정은 보다 지속적이고 장기적인 연구 활동을 위한 탄탄한 기반을 구축하며 단기적이고 무모한 연구를 줄일 수 있다.[5]

스탠포드 대학교는 여러 달 동안 허 젠쿠이와 폭넓게 교류한 의학 윤리학자 윌리엄 헐버트, 유전자 편집 전문가 매튜 포투스, 박사후 과정 지도교수였던 생물물리학자 스티븐 퀘이크 등 세 명의 교수가 유전자 편집 아기를 만든다는 허 젠쿠이의 계획을 알고 있었다는 언론 보도에 따라 공모 여부를 밝히기 위해 조사했다.[6] 2019년 4월 16일 스탠포드 대학교는 내·외부 인사로 구성된 조사위원회가 밝혀낸 결과를 바탕으로 소속 대학 교수들이 불법적인 일에 연루되지 않았다고 발표했다.

모든 이용 가능한 정보를 바탕으로, 검토자들은 스탠포드 연구자들은 의도된 착상 및 출산을 위한 배아의 유전체 편집과 관련한 허 젠쿠이의 연구에 참여하지 않았다는 것과 그들이 이 연구와 연구, 재정, 또는 조직적 관련성이 전혀 없음을 확인했다고 밝혔다. 검토 결과 스탠포드 연구원들이 허 젠쿠이의 연구에 대해 심각한 우려를 표명한 것을 밝혔다. 스탠포드 연구진은 허 젠쿠이에게 절박한 의학적 필요가 없음을 주지시키고, 정보에 입각한 동의를 확보하며, 기관윤리심의위원회의 승인을 얻고, 동료 검토 저널에 그 연구를 게시하는 것을 포함해 적절한 과학적 관행을 따르라고 촉구했으나, 허 젠쿠이는 그들의 권고에 주의를 기울이지 않고 연구를 진행했다. 그리고 조사위원들은 스탠포드 연구자들이 허 젠쿠이로부터 그의 연구에 대한 기관윤리심의위원회의 승인을 받았다는 이야기를 들었음을 확인했다.[7]

　라이스 대학도 생명공학 교수 겸 대학원 지도교수였던 마이클 딤의 역할에 대해 전폭적인 조사를 실시하고 있다. 딤은 중국에서 예상 연구 참여자를 만나는 등 허 젠쿠이의 연구에서 직접적인 역할을 했으며, 미발표 원고의 주요 저자로 등재되어 있다. 2018년 11월 말에 "HIV 저항성을 위한 유전자 편집 후 쌍둥이의 출생"이라는 제목의 논문에서 허 젠쿠이는 제1 저자, 마이클 딤은 보통 교신 저자의 역할을 하는 마지막 저자를 맡았다. 이런 점에서 볼 때 딤은 단순한 방관자는 아니다. 딤의 연구 참여는, 연구자들이 해외에서 임상시험을 수행하기 원할 경우 소속 기관의 기관윤리심의위원회 승인을 받아야 하

는 정부 규정을 어긴 혐의를 받고 있다.[8]

2018년 12월 3일, 세계보건기구의 테드로스 아드하놈 게브레예수스(Tedros Adhanom Ghebreyesus) 사무총장은 "유전자 편집은 건강에 대한 놀라운 가능성을 갖고 있지만 윤리적·의학적으로 약간의 위험성이 있다" "전문가들도 명확한 지침이 없다면 유전자 편집을 하지 말아야 한다"며 자문위원회를 구성해 윤리·사회·안전 문제를 조사하라고 촉구했다.[9]

2019년 2월 14일, 세계보건기구는 생식세포 유전자 편집에 관한 국제적 원칙을 개발하기 위한 실무팀을 구성했다.[10] 공동위원장으로 에드윈 캐머런(Edwin Cameron)과 마가렛 햄버그(Margaret Ann Hamburg), 위원으로 모하메드 알쿠와이자니(Mohammed Alquwaizani), 이와 바트닉(Ewa Bartnik), 프랑소와즈 베일리스(Françoise Baylis), 아레나 빅스(Arena M. Buyx), 알타 차로, 에르베 크네위비스(Hervé Chneiweiss), 얀티나 드프리스(Jantina De Vries), 신시아 홀랜드(Cynthia Holland), 마니샤 이남다르(Maneesha Inamdar), 카토 카즈토(Kazuto Kato), 로빈 러벨배지, 제이미 메츨(Jamie Metzl), 아나 빅토리아 산체스우리티아(Ana Victoria Sanchez-Urrutia), 자크 생폴(Jacques Simpore), 앤 테이루무이기(Anne Thairu-Muigai), 자이 샤오메이(Xiaomei Zhai)가 지명되었다.[11]

2019년 3월 18일, 자문위원회는 인간의 유전자 편집 연구 금지를 권고하지는 않았지만, 연구원들이 실험을 시작하기 전 정부에 등록해야 한다고 주장했다고 발표했다. 이 기구의 권고 사항의 대부분은 현재 미국에서 임상 연구가 관리되는 방식을 반영하고 있는데, 이 경우 과학자들은 사전에 규제 기관의 승인을 받아야 하며 공개적으로 접근할 수 있는 데이터베이스에 그들의 연구에 대한 내용을 업데이트해야 한다. 자문위원회에 알타 차로, 로빈 러벨배지와 같이 모라토리엄을 반대한 제2차 인간 유전체 편집 국제 정상회담의 조직위원들이 포함되어 있는 점을 볼 때, 유전자 편집 연구를 일시적으로 중단해 이 분야의 지도자들이 앞으로 나아갈 가장 책임 있고 윤리적인 방법을 찾아낼 수 있도록 해야 한다고 주장한 많은 과학자들과는 다른 결론에 도달했음을 충분히 짐작할 수 있다. 대신 위원회는 세계적인 임상시험등록부를 운영하는 방식을 택했다. 위원회는 "현재로서는 누구든 인간 생식세포 유전체 편집의 임상적 응용을 진행하는 것은 무책임하다"라는 기본 입장을 취했지만, 이러한 권고 사항은 변경될 수 있다는 여지를 두었다. 따라서 위원회는 향후 2년간 다른 전문가들과 지도자들이 최종적인 국제 기준을 마련하기 전에 자문하면서 인간의 유전자 편집에 대해 계속 조사할 것이라는 계획을 밝혔다.[12]

　인간 배아의 유전자 편집 연구가 현실화될 즈음 생식세포 기술의 적용 범위에 대한 공개 토론의 필요성을 지적한 것은 공교롭게도 대부분 과학자 집단이었다. 한 과학자 집단은 "인간 생식세포를 편집하지 말라"는 근본적인 금지 입장을 표명했지만, 다른 과학자 집단은 "유전체 공학과 생식세포 변형을 위한 신중한 방법"이라는 의견서에서 볼 수 있듯이 유보적 태도를 취했다. 유전체 편집에 대한 공개 토론이나 모라토리엄을 요구하는 시민 과학 단체들의 공동 행동은 없었다. 대부분의 시민 과학 단체들은 단지 모라토리엄에 대한 과학자 집단의 기존 합의에 동의했을 뿐이다.[13]

2015년 4월 초, 중국 광저우 중산 대학의 황 준주 교수팀은 크리스퍼 유전자가위를 최초로 인간 배아에 적용해 지중해성빈혈증 유전자를 돌연변이시켰다. 이후 생식세포에서의 유전체 편집을 찬성하는 사람들과 반대하는 사람들 사이에 커다란 논쟁이 벌어졌다. 2015년 12월 워싱턴 DC에서 미국 과학·공학·의학 아카데미, 영국 왕립 아카데미, 중국 과학아카데미는 이 같은 이견을 해소하고자 공동으로 '제1차 인간 유전자 편집 국제 정상회담'을 개최했다. 조직위원회의 제니퍼 다우드나와 데이비드 볼티모어 두 사람은 2015년 생식세포 편집에 대한 전면적인 모라토리엄 제안 여부를 놓고 심사숙고했으나 여러 가지 이유로 하지 않기로 결정했다. 이유 가운데 하나는, '모라토리엄'이라는 용어는 어떤 종류의 강제력을 의미하는데, 전 세계적으로 모라토리엄을 강제할 방법을 찾기 힘들기 때문이었다. 과학자들은 예상 이익이 크다면 어떤 연구라도 엄격하게 규제받기를 꺼려하는 습성이 있다. 다우드나는 자서전 《크리스퍼가 온다》(*A Crack in Creation*, 프시케의숲)에서 크리스퍼가 훗날 헌팅턴병이나 뒤센근이영양증 등의 치료법을 내놓을 가능성을 언급하며, 이익이 너무 크기 때문에 생식세포 편집의 사용 가능성을 궁극적으로 포기하기 어렵다고 썼다.[14]

회의가 끝난 후 발표한 성명서에서 그들은 기초 연구는 허용하면서 인간 유전자 변형 실험을 임상 적용하는 것은 시기상조라는 데 동의했다. 일반적으로 생식적인 목적을 위한 인간 생식세포 연구에서 문제가 되는 것은 유전자 편집에 대한 위험 비율이 매우 높기 때문이다. 이는 현재 어떤 변형 생식세포도 임상 적용할 수 없다는 것을 의미한다. 이 성명은 인간 유전체를 조작하기 위해 크리스퍼 기술을 사용하는 것에 대해 인간 임상 적용을 허용할 수 있는 관할권이 느슨한 국가에서도 유전자 변형 시도를 강력하게 억제하는 한편, 과학 및 정부 기구들이 그러한 활동의 사회적·환경적·윤리적 함의를 논의해야 한다고 권고했으나 모라토리엄을 명시하지는 않았다.[15] 캘리포니아 대학교 데이비스 분교의 생물학자 폴 뇌플러는 2015년 정상회담이 끝난 후 향후 몇 년 내에 누군가 최초의 크리스퍼 아기의 출생을 보고할 것이라는 느낌이 들었다고 말했다. 모라토리엄을 실시해도 그런 일은 일어날 수 있었겠지만 그렇지 않은 경우에는 확률이 상당히 높아질 수 있다.

폴 뇌플러가 자신의 블로그 '더 니치'(The Niche)에서 시행한 여론조사에 의하면, 10년 내에 크리스퍼 유전자가위로 인간 배아를 편집해 특정한 유전적 변화를 가진 아기를 만들 가능성에 대해 '확실히 그렇다'라고 답한 사람이 42.77%, '아마도 그럴 것이다'라고 답한 사람이 37.11%로 가능성이 있다고 답한 비율이 거의 80%에 달했다. '아마도 그렇지 않을 것이다'라고 답한 사람은 10.69%, '확실히 그렇지 않다'고 답한 사람은 5.03%를 차지했다. 4.4%의 사람은 '모르겠다'고 답했다.[16]

허 젠쿠이가 유전자 편집 아기를 만들기 전에 실시된 이 설문조사의 결과는 앞으로 다시 허 젠쿠이와 같은 무모한 과학자가 유전자 편집 아기를 만들 가능성을 강력하게 시사한다.

과학계와 정부는 이 무모한 시도에 대해 어떻게 대응해야 할까? 의심할 여지없이, 이 강력한 크리스퍼 유전자가위 기술을 부적절하게 사용하는 것을 중단시키고, 강력하게 어쩌면 강압적인 조치를 취하여 또 다른 사람들이 허 젠쿠이의 전철을 밟지 못하도록 해야 한다. 동시에 앞으로 등장할 미래의 치료법에 대한 환자들의 과도한 기대를 진정시켜야 한다. 과학계는 동물모델을 사용해 배아 유전자를 편집하고 실험 방법을 적극 개선하고 있으며, 기초과학을 완벽하게 이해하려고 노력하고 있다. 그러나 허 젠쿠이는 생식세포 유전체 편집을 연구하는 방법과 절차를 무시했다.[17]

앞으로도 인간 생식세포 유전체 편집의 재발을 방지할 수 있는 유일한 해결책은 '투명성'이 강화된 모라토리엄일 것이다. 물론 의도적으로 이를 무시하는 사람도 있겠지만, 그것은 어쩔 수 없는 일이다. 만약 공신력을 갖춘 과학 기구가 인간 유전체 편집이 윤리적 범위를 벗어난다고 주장한다면, 윤리적인 학자들은 조심하고 따를 것이다.

하지만 제2차 인간 유전체 편집 국제 정상회담의 주최자들은 지난번에 이어 정확히 3년 만에 새로운 성명서를 작성할지 여부를 결정하지 못한 상태였다. 그러나 허 젠쿠이의 실험이 국제적인 물의를 빚자 이들은 2015년의 성명보다는 다소 강경한 어조의 성명서를 발표했다. 물론 이들은 허 젠쿠이가 유전자 편집 배아로 아기들을 만든 것을 비난했다. 위원회는 생식세포 편집을 임상적으로 사용하기에는 너무 이르다는 입장을 되풀이하면서도 미래에 생식세포 편집을 수용하게 될 가능성에 매달렸다. 모라토리엄을 포함하는 엄격한 감독, 설득력 있는 의학적 필요성, 환자의 장기적인 후속 조치에 대한 계획과 사회적 영향에 대한 관심은 기대에 미치지 못했다.[18] 허 젠쿠이의 충격적인 실험을 접하고서도 2018년 성명서는 2017년 미국 과학·공

학·의학 아카데미의 보고서 내용을 되풀이했다.[19]

　성명서는 배아에 유전자 편집을 임상 적용할 수 있는 길을 닫지 않았다.[20] 정상회담 기간 동안 자기 규제 문제가 여러 번 제기되었다. 11월 29일, 회담이 종료되었을 때 볼티모어는 과학계나 누구든 불량 과학자를 제지하는 것이 얼마나 어려운지에 대해 언급했다. 그는 만약 이 기술을 몰래 사용하고 싶다면 놀랄 정도로 시간이 많이 걸린다는 점이 밝혀졌다고 말했다.[21] 조직위원인 존 데일리(John Daley)는 현재는 생식세포 편집과 관련된 모든 위험을 과학자들이 충분히 인식할 수 없다고 위원회가 생각한다고 해도, 언젠가 생식세포 편집을 관행으로 여기게 될 것이라고 말했다. 그 때문에 위원회는 과학계에 어떻게 하면 끔찍한 질병을 예방하기 위해 안전하고 책임감 있게 유전자 편집 아기를 만들 수 있는지에 대해 계획을 세워야 한다고 권고했다. 사실상 그들은 임상 전에 편집 전략의 정확성이 입증된 증거를 개략적으로 제출해야 하며, 검토자가 그런 임상시험을 주도하고자 하는 시험자의 기술 수준을 평가할 수 있는 방법을 제시할 필요가 있다고 주장하고 있다. 위원회는 앞으로의 임상시험에서는 "강력한 독립적인 감독, 설득력 있는 의학적 필요, 합리적인 대안의 부재, 장기적인 후속 조사 계획, 그리고 사회적 효과에 대한 관심을 필요로 할 것"이라고 말했다.[22] 위원회는 독립적인 조사가 이루어져야 한다고 요구했으나, 바이오리시브와 같은 서버에 게시하는 것 외에는 구체적인 제안을 제시하지 않았다.[23]

　제2차 인간 유전체 편집 국제 정상회담의 성명서에 대한 의견은 제각각이었다. 정상회담 주최자들은 그들의 입장을 옹호한다. "우리의 정상회담 성명은 이 기술을 사람들에게 적용해야 한다고 요구하지 않았다. 그것은 단지 이것을 전진시킬 수 있는 규제가 책임 있게 발전해야 한다는 방법을 제시했을 뿐이다"라고 정상회담 개최를 도왔던 위스콘신 대학의 알타 차로는 말했다.[24]

하지만 어떤 과학자들은 제2차 인간 유전체 변형 국제 정상회담의 조직위원들이 좀 더 강경한 입장을 취했어야 한다고 주장한다.[25] 다른 연구자들은 과학계가 2015년에도 인간 유전자 편집 실험에 모라토리엄을 시행할 수 있는 소중한 기회를 놓쳤고 2018년에도 같은 실수를 반복했다고 말한다. 모라토리엄이 시행되었어도 허 젠쿠이는 실험을 감행했을 수 있지만, 모라토리엄이 있었다면 억제 효과가 있었을지도 모른다. 스탠포드 대학교의 생명윤리학자 행크 그릴리는 이 정상회담의 성명서를 "터무니없는 메시지"라고 일축했다.[26]

폴 뇌플러는 "그들이 실제로 적어도 몇 년 동안 이 문제에 대한 모라토리엄이 정말로 필요하다고 직접 언급했다면 나는 더 안심했을 것이다"라고 말했다. 뇌플러는 "나는 그들이 좀 더 강력한 입장을 취하지 않은 것에 실망했다" "매우 실망스럽고 맥 빠지는 성명이다. 기본적으로 아무 의미도 없다"라고 트윗에 올렸다.[27] 뇌플러는 허 젠쿠이의 유전자 편집 아기 결과가 발표된 직후 당장 모라토리엄을 시행해도 너무 늦은 것은 아니라고 했다. 그는 사람들이 유전자 변형 아기를 만들기 위해 유전자 변형 인간 배아를 착상하는 것을 3년 동안 막아야 한다고 주장했다. 모라토리엄이 막무가내로 실험을 진행하는 이들까지 막을 수는 없을 것이라고, 어떻게 그들을 강제하겠느냐는 질문이 당연히 나올 것이라고 뇌플러는 인정했다. 하지만 적어도 가까운 시일 내에 유전자 변형 아기를 만들어서는 안 된다는 강력한 메시지를 줄 것이라고 말했다. 폴 뇌플러 교수는 과학자들이 인간 생식세포 편집에 대해 너무 관용적 태도를 취하고 있다고 믿고 있다. [28]

장 펑은 "현재 유전자 편집 기술이 개발 단계에 있다는 점을 고려할 때, 우리가 먼저 신중한 일련의 안전장치를 마련할 때까지…편집한 배아의 착상을 한시적으로 중단해야 한다"라고 주장하며, 당분간 인간 시험을 금지해야 한다고 제안했다. 장 펑이 이처럼 편집 배아의 이식을 당분간 중단하자고 요청하고 과학계 동료들에게 "2015년 학계가 제안한 바와 같이 응용의 적합성에 대한 광범위한 사회적 합의 없이 생식세포 편집을 진행하는 것은 무책임하다"라고 상기시켜 준 것은 고무적이다. [29]

유전학및사회센터는 과학계가 스스로를 규제하고 그러한 무모한 행동을 방지할 수 있다고 시민사회를 안심시키려는 의도라며 제2차 인간 유전체 편집 국제 정상회담을 성토했다. 그들은 또한 우리 모두에게 영향을 미치는 엄청나게 중요한 결정을 독단으로 내린 연구자의 악의적 행동을 분명하게 비난하라고 촉구했다. 그리고 정부와 유엔이 인간 유전공학에 의한 생식실험을 금지하는 실효성 있는 모라토리엄을 선언하라고 촉구했다. "이런 정책들은 우생학적 생식 유전공학에서 각국이 선두를 차지하려는 경쟁을 막기 위해 필요하다. 정상회담과 과학 단체들이 행동에 옮기지 않는다면 세계 사회에 미칠 재앙을 막기 위해 시민 사회와 정책 입안자들이 그 역할을 맡을 수밖에 없다"고 주장했다. [30]

유전학및사회센터와 인간유전학경보센터는 "정부와 유엔이 인간 유전공학에 의한 생식실험을 금지하는 강제력 있는 모라토리엄을 확립하라"고 촉구하는 청원서를 2018년 11월 28일부터 온라인에서 회람시켰고, 제2차 인간 유전체 편집 국제 정상회담 조직위원회와 기자들에게는 이메일을 보냈다. 불과 하루만에 11개의 단체와 100명 이상의 개인이 이 청원을 지지했다. 워싱턴 DC에 소재한 국제기술평가센터의 제이디 핸슨(Jaydee Hanson)은 "우리는 더 이상 과학계가 스스로 규제할 수 있다고 믿지 않는다"라고 말했다. 핸슨은 만약 과학자들이 유엔의 조치를 요구하지 않는다면 자신이나 다른 단체들이 스스로 대책을 발표할 것이라고 경고했다.[31]

"우리가 임상 단계의 생식 시험을 하기로 결정하는 것은 단지 시간문제일 뿐이다"라고 프랜시스 콜린스는 말한다. "아직도 상당한 가능성이 있다. 나는 그 토론이 예측 가능한 미래를 위해 우리가 넘어서는 안 될 선을 결론으로 이끌어 낼 가능성이 있다고 생각한다"고 희망의 끈을 놓지 않았다.[32]

2019년 3월 중순 마침내 에릭 랜더(Eric S. Lander), 프랑소와즈 베일리스, 장 펑, 에마뉘엘 샤르팡티에, 폴 버그(Paul Berg), 카트린느 부르갱(Catherine Bourgain), 배르벨 프리드리히(Bärbel Friedrich), 키스 정(J. Keith Joung), 리 진송(Jinsong Li), 데이비드 류, 루이지 날디니(Luigi Naldini), 니에 징바오, 츄 런종, 베티나 쇠네자이페르트(Bettina Schoene-Seifert), 샤오 펑(Feng Shao), 샤론 테리(Sharon Terry), 웨이 웬성, 에른스트 루드비히 빈나커(Ernst-Ludwig Winnacker) 등 세계 유수의 크리스퍼 과학자들과 생명윤리학자들은 〈네이처〉에 새로 게재한 논평에서 크리스퍼 유전자가위를 이용한 생식 임상 연구에 대한 모라토리엄을 요구했다. 서명자들은 5년간의 세계적인 모라토리엄을 요구하며 그 기간에 이해 당사자가 참여하여 대화를 통한 국제 거버넌스의 틀을 개발하자고 주장했다.

그들은 또한 각국이 크리스퍼 유전자가위를 사용한 생식세포 유전자 편집의 윤리적·과학적·기술적·의학적 사항을 고려해 자체적인 규제 체계를 마련할 수 있도록 허용하는 국제적 틀을 확립하자고 요구했다.[33]

그러나 과학계 인사 모두가 이 모라토리엄에 찬동하는 것은 아니다. 제니퍼 다우드나나 런던 대학교 생식과학 및 여성 건강 프로그램 책임자인 헬렌 오닐(Helen O'Neil)은 이미 묵시적으로 금지하자는 합의가 있어 왔고, 이 모라토리엄은 중복에 불과하다고 비판한다. 프로그래시브 에듀케이셔널 트러스트의 사라 노크로스(Sarah Norcross) 소장은 "허 젠쿠이와 같은 악당은 모라토리엄과 상관없이 일을 저질렀을 것"이라고 하며 이 모라토리엄은 필요하지도 유용하지도 않다고 말한다.[34]

그러나 우리는 이미 유전자 편집 아기가 만들어진 상황에서 윤리에 대해 숙고할 시간이 더 필요한지 자문해 볼 필요가 있다. 모라토리엄에서 본질적으로 요구하는 바는 위험과 이익을 더 깊이 생각할 수 있도록, 그리고 폭넓은 사회적 합의를 이룰 수 있도록 느린 과학이 필요하다는 것이다.[35]

1) David Cyranoski, "The CRISPR-baby scandal: what's next for human gene-editing", Nature (2019. 2. 26), https://www.nature.com/articles/d41586-019-00673-1

2) Di Zhang, Reider K. Lie, "Ethical issues in human germline gene editing: a perspective from China", Monash Bioethics Review 36(1-4), 2018, 23-35.

3) David Cyranoski, "The CRISPR-baby scandal: what's next for human gene-editing", Nature (2019. 2. 26), https://www.nature.com/articles/d41586-019-00673-1

4) Cao Yanlin, Zheng Xuequian, Jia Fei, "Strengthening the legal framework to regulate human genetic engineering in China", The Lancet, 393(10176), 2019, 1097.

5) David Cyranoski, "China to tighten on gene editing in humans", Nature (2019. 3. 6), doi: 10.1038/d41586-019-00773-y

6) Antonio Regalado, "Stanford will investigate its role in the

Chinese CRISPR debacle", MIT Technology Review (2019. 2. 7.), https://www.technologyreview.com/s/612892/crispr-baby-stanford-investigation/?utm_campaign=site_visitor.unpaid.engagement&utm_source=facebook&utm_medium=add_this&utm_content=2019-02-26&fbclid=IwAR2C09dftu5oRoDCVuSu9g0ooVgVqlYpTlgQSUaHwGqJFUevnCPqg9h0-ck

7) "Stanford statement on fact-finding review related to Dr. Jiankui He", Stanford News (2019. 4. 16.), https://news.stanford.edu/2019/04/16/stanford-statement-fact-finding-review-related-dr-jiankui/

8) Jane Qui, "American scientist played more active role in 'CRISPR babies' project than previously known", STAT (2019. 1. 31), https://www.statnews.com/2019/01/31/crispr-babies-michael-deem-rice-he-jiankui/

9) Eben Kirksey, "Even China roundly condemns editing the genes of babies", WIRED (2018. 12. 7.), https://www.wired.com/story/even-china-roundly-condemns-editing-the-genes-of-babies/

10) Rob Stein, "Outrage Intensifies Over Claims Of Gene-Edited Babies", National Public Radio (2018. 12. 7.), https://www.npr.org/sections/health-shots/2018/12/07/673878474/outrage-intensifies-over-claims-of-gene-edited-babies

11) World Health Organization, "Who expert advisory committee on developing global standards for governance and oversight of human genome editing", https://www.who.int/ethics/topics/human-genome-editing/committee-members/en/

12) Dan Robitzski, "United Nations calls for registry of human gene-editing projects", Futurism (2019. 3. 21.), https://futurism.com/united-nations-registry-human-gene-editing-projects/?fbclid=IwAR1enZun0uLZrXgOm-pNx-3m0b-3DYWevp8t5v-nCWJSAQumdO1koptLAp6E

13) Ed Yong, "The CRISPR baby scandal gets worse by the day", The Atlantic (2018. 12. 3.), https://www.theatlantic.com/science/archive/2018/12/15-worrying-things-about-crispr-babies-scandal/577234/

14) Kevin Davies, "He said what now", The CRISPR Journal 1(6), 2018, 358-362.

15) Di Zhang, Reider K. Lie, "Ethical issues in human germline gene editing: a perspective from China", Monash Bioethics Review 36(1-4), 2018, 23-35.

16) Paul Knoepfler, "Poll: heritable CRISPR tried in humans in next 10 years?", The Niche (2018. 7. 7.), https://ipscell.com/2018/07/poll-heritable-crispr-tried-in-humans-in-next-10-years/

17) Helen C. O'Neill, Jacques Cohen, "Live births following human

embryo gene editing: a call for clarity, self-control and regulation", Reproductive Biomedicine Online 38(2), 2019, 131-132.

18) Kevin Davies, "He said what now?", The CRISPR Journal 1(6), 2018, 358-362.

19) Antonio Regalado, "Rouge Chinese CRISPR scientist cited US report as his green light", MIT Technology Review (2018. 11. 27.), https://www.technologyreview.com/s/612472/rogue-chinese-crispr-scientist-cited-us-report-as-his-green-light/

20) Di Zhang, Reider K. Lie, "Ethical issues in human germline gene editing: a perspective from China", Monash Bioethics Review 36(1-4), 2018, 23-35.

21) Dennis Normile, "Organizers of gene-editing meeting blast Chinese study but call for 'pathway' to human trials", Science (2018. 11. 29.), https://www.sciencemag.org/news/2018/11/organizers-gene-editing-meeting-blast-chinese-study-call-pathway-human-trials

22) Michael Hiltzik, "News of the first gene-edited babies shows that science xan't police itself", LA Times (2018.12.07.), http://www.latimes.com/business/hiltzik/la-fi-hiltzik-gene-babies-20181207-story.html

23) Kevin Davies, "He said what now", The CRISPR Journal 1(6), 2018, 358-362.

24) Rob Stein, "Outrage Intensifies Over Claims Of Gene-Edited Babies", National Public Radio (2018. 12. 7.), https://www.npr.org/sections/health-shots/2018/12/07/673878474/outrage-intensifies-over-claims-of-gene-edited-babies

25) Antonio Regalado, "Rouge Chinese CRISPR scientist cited US report as his green light", MIT Technology Review (2018. 11. 27.), https://www.technologyreview.com/s/612472/rogue-chinese-crispr-scientist-cited-us-report-as-his-green-light/

26) Rob Stein, "Outrage Intensifies Over Claims Of Gene-Edited Babies", National Public Radio (2018. 12. 7.), https://www.npr.org/sections/health-shots/2018/12/07/673878474/outrage-intensifies-over-claims-of-gene-edited-babies

27) Antonio Regalado, "Rouge Chinese CRISPR scientist cited US report as his green light", MIT Technology Review (2018. 11. 27.), https://www.technologyreview.com/s/612472/rogue-chinese-crispr-scientist-cited-us-report-as-his-green-light/

28) Michael Hiltzik, "News of the first gene-edited babies shows that science xan't police itself", LA Times (2018. 12. 7.), http://www.latimes.com/business/hiltzik/la-fi-hiltzik-gene-babies-20181207-story.html (2019. 1. 6.)

29) Françoise Baylis, Graham Dellaire, Landon J Getz, "Why we

are not ready for genetically desiigned babies", The Conversation (2018. 11. 28.), https://theconversation.com/why-we-are-not-ready-for-genetically-designed-babies-107756

30) Mahendra Singh, "Recent update-He Jiankui genome editing story of CRISPR-Cas9, birth of genome edited baby in China and outcry of scientific community", Mahendrasing.co (2018. 12. 2), https://mahendrasingh.co/recent-update-he-jiankui-genome-editing-story-of-crispr-cas9-birth-of-genome-edited-baby-in-china-and-outcry-of-scientific-community/

31) Dennis Normille, "Organizers of gene-editing meeting blast Chinese study but call for 'pathway' to human trials", Science (2018. 11. 29.), https://www.sciencemag.org/news/2018/11/organizers-gene-editing-meeting-blast-chinese-study-call-pathway-human-trials

32) Rob Stein, "Outrage Intensifies Over Claims Of Gene-Edited Babies", National Public Radio (2018. 12. 7.), https://www.npr.org/sections/health-shots/2018/12/07/673878474/outrage-intensifies-over-claims-of-gene-edited-babies

33) Eric S. Lander, Françoise Baylis, Feng Zhang, Emmanuelle Charpentier, Paul Berg, Catherine Bourgain, Bärbel Friedrich, J. Keith Joung, Jinsong Li, David Liu, Luigi Naldini, Jing-Bao Nie, Renzong Qiu, Bettina Schoene-Seifert, Feng Shao, Sharon

Terry, Wensheng Wei, Ernst-Ludwig Winnacker, "Adopt a moratorium on heritable genome editing", Nature, 567, 2019, 165-168.

34) Susan Scutti, "Proposal for global moratorium on editing of inherited DNA is met with citicism", CNN (2019. 3. 13). https://edition.cnn.com/2019/03/13/health/inherited-dna-editing-moratorium-study/index.html?fbclid=IwAR1XVQrhE9vX-BY4ElUaL1aMoeU0RC1yk_dnHXH2Pryjc1rfjbCcN_dYQPII

35) London J. Getz, "CRISPR gene editing. Why we need slow science", The Conversation (2019. 3. 18), https://theconversation.com/crispr-gene-editing-why-we-need-slow-science-113639?fbclid=IwAR0NPomo9z2fKMJ3-5WdjuN-HCvsiDnc10_fRArf7ltIPkk1hqyuV1BSRRvA

20

공정한 논의를 위해

크리스퍼 윤리 논의에서 소홀히 여겨진 한 가지 중요한 교훈이 있는데, 바로 인간 생명을 편집하는 윤리를 과학자들에게만 맡겨서는 안 된다는 점이다. 허 젠쿠이의 실험을 '불량한' 개인이 수행한 것으로 규정하고 비윤리적이라고 비난한 사람들은 다름 아닌 과학자들이다. 과학계는 허 젠쿠이가 사람의 유전자를 섣불리 변형하여 넘지 말아야 할 윤리 규범을 벗어났다는 데 널리 동의했다. 이를 통해 과학자들은 불량한 과학자와 선량한 과학자인 자신들을 구분하고, '윤리' 담론을 통해 과학자에 의한 거버넌스를 보호하려 했다. 이를테면 프랜시스 콜린스와 같은 선도적인 과학자들이 "허 젠쿠이 박사와 그의 연구진은 국제 윤리 규범을 무시하는 의사를 드러냈다는 점에서 매우 충격적"이라고 했을 때, 그들은 실제로 무엇에 대한 우려를 표현했는가? 인간의 생명을 변화시키는 윤리가 어떠해야 하는지 누가 결정하는가? 인간을 유전적으로 변형하는 것이 언제쯤 그리고 어떤 방식으로 가능할 것인지에 대한 결정은 현재 주로 과학자들의 손에 달려 있다. 윤리를 반복해서 거론하고 있지만 허 젠쿠이가 유전자 편집을 통해 인간의 생명을 건드린 것이 윤리에 위배되었다고 지적하지는 않는다.[1]

이 논의들은 허 젠쿠이의 다섯 가지 '윤리적 원리'를 대부분 무시한다. 만약 과학자들이 실제로 윤리에 관해 이의를 제기했다면, 허 젠쿠이의 윤리적 원리의 상대적 장점에 대한 논의를 했을 것이고, 그리고 어쩌면 더 나은 윤리적 원리를 만들 수 있는지 고민했을 것이다.[2] 그러나 그보다는 유전자 편집을 위해 크리스퍼를 사용하는 윤리는 과학자들 사이에서 윤리 규범을 제대로 지켰는지 절차적인 윤리 수준에서 결정되고 천착되어 인간 유전공학의 한계와 기회에 대한 의미 있는 논쟁을 차단했다. 이런 점에서 인간 유전체 공학이 인간의 삶을 변화시키는지 그리고 어떻게 변화시키는지에 대한 가치들은 공론장에 들어오지 못했다. 허 젠쿠이의 발표에 대한 과학계의 반응은 유전자 편집에 대한 대중의 신뢰 손상을 염려했다기보다는 유전자 편집 연구가 더 어려워지지는 않을까 염려한 것에 가까웠다. 과학자들은 유전자 변형을 해야 하는지 여부, 그리고 어떤 조건에서 유전자를 변형해야 하는지에 대해 대중과 윤리 논쟁을 벌이기보다는 인류의 유전체를 일방적으로 변경할 수 있는 자신들의 권한을 유지할 수 있는가에 더 많은 관심을 표명했다.[3]

토론을 유도하는 대신 윤리를 거론함으로써 과학자 자신들이 공공의 이익을 위해 신기술의 사회적 의미를 책임감 있게 예측하고 관리할 수 있다고 대중과 정책 입안자들을 설득하는 데 성공했다. 이렇게 윤리가 위임될 경우 대중이 피해를 입을 수 있다는 사실은, 예를 들어 디지털 영역에서 케임브리지 애널리티카(Cambridge Analytica) 사건*을 통해 드러났다. 허 젠쿠이의 행동은 불량한 과학자의 일탈이라기보다는 오랫동안 지속되어 온 과학 자치의 문화에 의해 일상적으로 발생할 수 있는 긴장을 상기시켜 준다. 다른 과학자들이 허 젠쿠이처럼 충격적인 행동을 하는 것을 막을 수는 없다. 과학자들이 이제 그들이 두려워했던 순간이 왔음을 표방하며 "판도라의 상자가 열렸다"고 하는 발언은 일반적으로 불가피하다는 느낌을 준다. 어느 시점이 되면 그런 일이 벌어지는 것을 아무도 막을 수 없을 것이다.[4]

과학 학술지 〈사이언스〉와의 인터뷰에서 조지 처치는 유전자 편집을 인간 생식에 사용하는 것에 대한 자발적인 국제적 모라토리엄을 요구하는 사람들 중 한 사람으로 자신을 묘사했다. 그러나 처치는 허 젠쿠이를 변호하며 모라토리엄이 "영구적인 금지는 아니다"라고 주장했다. 과학자가 제안한 모든 모라토리엄은 기술적으로 발전하기 전에 어떤 일을 해야 한다고 생각하는지를 나타내는 체크리스트로 간주될 수 있다. 과학자들이 이런 체크리스트를 의무적으로 따른다면 대물림되는 인간 유전자 편집의 발전은 늦춰지겠지만 과학자들에게 자기 관리가 주의 깊고 효과적이라는 이미지를 부여할 것이다. 과

---

* 케임브리지 애널리티카 사건: 정치 컨설팅 업체 '케임브리지 애널리티카'가 페이스북 회원 8700만 명가량의 개인 정보를 빼돌려 활용한 사건

학자들은 현재 유전자 편집이 최후의 수단이라는 데는 합의하고 있지만, 그럼에도 불구하고 특정 조건에서는 추구할 가치가 있는 기술이라고 제시하고 있다.[5]

여러 이해 관계자를 포함한 진정한 공개 담론 없이, 과학자들은 언제 왜 인간을 유전적으로 조작해야 하는지에 대해 자신들의 가치와 판단을 강요하고 있다. 과학자가 강조하는 이런 가치들은 발달하는 첨단 과학에서 항상 두드러지는 것 같다. 즉 그들은 인간의 첫 번째 유전자 변형 사례가 어디서, 어떻게, 언제 발생해야 하는지에 대한 윤리적 규범에 초점을 맞춘다. 그들은 과학 윤리가 아닌 시장의 관점에서 그것이 전혀 일어나서는 안 되는지 여부 또는 그러한 기술적 역량의 후속 사용과 미래의 결과에 대처해야 하는 방법을 고려하지 않는다. 이런 점에서 현재의 크리스퍼 윤리는 편협한 형태의 과학적 가능성만을 논의하며, 그들이 바꾸려고 하는 인간의 미래에 대한 책임을 회피한다.

벤저민 헐버트는 〈네이처〉에서 "허 젠쿠이는 과학계뿐만 아니라 우리 모두의 결정을 따르려고 노력했다"고 썼었다. 벤저민 헐버트는 2017년에 허 젠쿠이를 만났고 그 이후로 유전체 편집의 윤리에 대해 그와 서신을 주고받았다. 대물림되는 인간 유전자 편집 시 개별 연구자가 문항에 체크를 하고 적절한 조건을 찾는 것과 같은 윤리 활동은 특히 인간 유전자 편집이 바람직한 것인지 여부, 그 결정이 어떻게 누구에 의해 내려져야 하는가라는 대중이 관심을 갖는 주요 문제를 효과적으로 우회한다. 허 젠쿠이의 사건에 대한 반응은 대부분 유전자 편집에 대해 국제적 규제가 필요하다는 광범위한 의견을 무시해 왔다. 학계와 시민 사회 기구의 구성원을 모아 대중의 의견을 수렴하는 국제적인 심의 기구는 유전자 편집의 윤리를 의미있게 숙의하기 위한 첫 걸음이 될 것이다.

허 젠쿠이의 사건에서 누가 어떤 근거에 의해 인간의 생명을 근본적으로 변화시키는 방식을 결정할 권한이 있는지 어렵지만 정치적 해결을 모색해야 한다. 허 젠쿠이의 연구에 대한 지배적인 반응을 프레이밍했던 사람들은 윤리적 근거가 얼마나 확실한가에 관심이 많았다. 과학자들과 생명윤리학자들이 주도하는 공개 토론은 유전 연구와 개발을 담당하는 사람들을 과학과 기술 윤리의 올바른 중재자라고 반복해서 인정하고 있으며, 그들에게 의사 결정을 위임한다. 그러나 우리 모두에게 영향을 미칠 유전자 편집의 미래를 정하기 위해서는 토론에서 의견의 범위를 넓혀야 한다.[6]

앞서 말한 바와 같이 과학자들은 초창기부터 인간 생식세포 유전체 편집과 관련한 윤리 담론을 주도해 왔다. 그러나 한편으로는 대중의 의견에 맞추어 규제가 이루어진다는 점을 인식하고 있기에 과학자들도 연구 규범의 개발과 규제책 확립에 사회의 참여와 공개 토론이 중요하다고 강조한다. 그렇다면 대중은 이런 논의에 어떻게 참여해야 할까? 그에 앞서 대중은 어떤 사람일까? 존 듀이(John Dewey)에 의하면 '대중'은 사회적 협력에서 발생하는 문제에 영향을 받는 모든 사람들로 구성된다. 많은 사람들이 문제를 인식하고 그것에 대해 행동할 필요를 느낄 때 생명윤리에 대한 대중 토론이 발생한다. 인간 유전체 편집에 대한 대중적인 논쟁은 갑자기 등장한 것이 아니다. 크리스퍼의 사용 가능성에 대한 기대가 높아지며 더욱 격화되었을 뿐이다.

대중을 보는 시각에는 두 갈래가 있을 수 있다. 도구적 관점으로 대중에게 접근할 수 있다. 대중을 논의에 참여시키면 기술에 대한 반응을 예측할 수 있고 신뢰성 있는 계획을 세울 수 있다. 유전자 변형 생물체 기술에서 볼 수 있듯이, 논쟁적 기술을 도입할 때 대중을 논의에서 배제하면 이후 기술의 이용과 확산이 어려워질 수 있다. 대중을 도구적으로 파악하려는 태도는 영향을 받는 대중이 그들이 인식하게 된 기술 개발을 규제하려고 하는 상향식 접근 방식을 상정한다. 예를 들어 여론조사 결과에 따라 정책 방향을 결정하려는 태도이다. 최근 미국, 영국, 중국에서 생식세포의 유전체 편집과 관련한 여론조사가 실시되었다.

허 젠쿠이의 의뢰로 광저우 중산 대학에서 실시한 새로운 여론조사에 의하면, 에이즈 양성 반응자 그룹을 포함한 4700명의 중국인 중 다수의 사람들이 유전자 편집을 폭넓게 지지하는 것으로 나타났다. 60% 이상의 응답자가 병을 치료하거나 예방하는 것이 목적이라면 태아의 유전자 편집도 합법화되어야 한다고 긍정적으로 답변했다. 허 젠쿠이가 발표에서 "대다수 중국 대중이 HIV 예방 등을 위해서는 인간 유전체 편집을 지지하는 여론조사"를 언급했듯이, 그는 이를 통해 자신의 연구를 위한 논리를 뒷받침하려 한 것 같다. 2018년 7월에 실시한 퓨리서치센터의 여론조사에서도 미국인들 역시 유전자 편집을 유사하게 지지하는 것으로 나타났다.[7] 미국인들은 유전자 편집 기술을 이용해 중병을 치료하는 것에 대해서는 일반적으로 관대하지만 크리스퍼를 증강에 사용하는 것에 대해서는 걱정한다. 48%의 미국인은 새로운 의학 발전을 위한 길을 열어 주고 사람들이 더 오래 살 수 있도록 도와줄 것이라고 확신하는 반면, 응답자의 58%는 크리스퍼가 사회적 불평등을 증가시킬 가능성이 매우 높다고 생각했다.[8] 같은 집단 내에서조차 연령, 성별, 교육, 그리고 종교적 관점에 따라 의견은 크게 달라졌다.[9]

2018년 7월, 너필드 생명윤리위원회는 319명을 대상으로 한 여론조사 결과를 발표했는데, 이에 따르면 대중은 질병을 초래하는 돌연변이를 교정하기 위한 배아의 유전체 편집을 지지했다. 또한 약 70%의 응답자는 '난임 부부가 아이를 갖기 위한 유전자 편집' 또는 '배아의 질병 초래 변이를 교정하는 유전자 편집'을 지지하는 것으로 나타났다. 2018년 10월에 발표된 4196명의 중국인들을 대상으로 한 대규모 연구에서도 비슷한 비율의 응답자들이 '질병 회피를 목적으로 하는 유전자 변형'을 지지하는 것으로 나타났다. 그러나 응답자들은 지능지수나 운동능력 향상과 피부색 변화 등을 위한 유전자 편집에는 반대했다.[10]

그러나 충분한 정보가 제공되지 않을 때 연구 결과는 설문조사의 형식에 따라 차이를 나타냈다. 최근 〈네이처〉가 허 젠쿠이의 유전자 편집 아기에 대한 온라인 여론조사를 한 결과, 82%의 응답자가 유전자 편집 아기 실험에 반대하는 것으로 나타났다. 또한 대중의 최종적인 생각을 바탕으로 과학기술 정책을 정한다는 것은 기술을 개발할 때부터 윤리를 바로 통합해야 하며 끝에서야 통합하려고 해서는 안 된다는 원칙에 어긋난다.

그러나 이처럼 대중을 도구적으로 파악하기보다는 동의의 대상으로 보고 처음부터 이해를 만들어 가야 한다는 시각도 있다. 이런 시각에는 1997년 유네스코의 '인간 유전체와 인권에 관한 보편 선언'에서 엿볼 수 있듯이, 인간 유전체가 인류의 공통 유산으로 보존되어야 하기에 인류의 동의 없이 미래 세대의 생식세포를 변화시키는 것은 윤리적으로 문제가 있다는 생각이 깔려 있다. 따라서 과학계는 생식세포 유전체 편집에 대한 개인과 미래 세대의 위험과 이익, 사회에 미치는 영향 등의 정보를 제공해야 할 의무가 있다.[11]

한편 과학자들에 의해 윤리 담론이 지배되어 왔기에 생식세포의 유전체 편집도 배아의 유전자 치료라는 시각에서 프레이밍되어 왔다. 치명적인 유전질환을 예방할 수 있는 선제적 치료 방법이라고 가정하면, 만약 연구 노력이 강화되고 안전 문제가 해결되어 방법이 더욱 정교해진다는 전제 하에서는 생식세포 유전체 편집에 반대할 명분이 약해질 것이다. 그러나 이 가정은 납득하기 어렵다. 생식세포 유전체 편집을 통해 만들어지는 사람은 원래의 생식세포로부터 만들어지는 사람과 수치적 동일성이 달라지기 때문이다. 이 기술은 병든 배아를 치료하는 것이 아니라 다른 건강한 배아를 만드는 것이 핵심이라는 의미다. 따라서 생식세포 유전체 편집은 일차적으로 유전적으로 관련되는 건강한 자손을 만드는 데 사용할 수 있는 중요한 보조 생식기술이라고 할 수 있다.[12]

이처럼 인간 생식세포 유전체 편집이 생식세포 치료가 아닌 보조 생식기술으로 프레이밍되어 이익 대비 위험성 평가의 균형점이 변화하면 이 기술을 둘러싼 윤리적 평가와 사회 정책이 달라질 수밖에 없다. 배아의 독특한 도덕적 지위를 고려하면 이와 관련된 무의미한 실험이 줄어들 것이고, 위험한 결과를 예상하고도 자신의 유전자를 물려줄 자녀를 출산하기보다는 다양한 대안을 찾게 될 것이며, 질환의 심각성과 이에 영향을 받는 인구수를 고려해 보다 많은 사람이 혜택을 받는 쪽으로 부족한 공적 자원을 배분할 것이다.

결론적으로 과학자들이 대중을 설득의 대상으로 보아 온 관행에서 벗어나 동의를 구할 대상으로 다시 생각할 때, 사회적으로 충분한 정보를 제공하여 이해에 기초한 진정한 동의를 얻을 수 있다고 본다. 또한 생식세포 유전체 편집을 '유전자 치료법'으로 주목해 온 과학계의 기존 프레임을 '보조생식기술'으로서의 의의를 강조하는 방향으로 전환한다면 보다 합리적인 정책을 이끌어낼 가능성이 높아질 것이다.

1) Smith P. J. "After CRISPR Twins. Gene editing holds prom-
ise and peril for humanity", National Catholic Register
(2018. 12. 27.), http://www.ncregister.com/daily-news/
after-crispr-twins-gene-editing-holds-promise-and-per-
il-for-humanity?fbclid=IwAR2dKgFArNdK6ihy4brd13gLi-
Fv4Kh-g7Y8asAjAezDHfVGz5ts_ert5S8c

2) Nina Frahm, Tess Doezema, "Are scientists' reactions to 'CRIS-
PR babies' about ethics or self-governance?", Center for
Genetics and Society (2019. 1. 28.), https://www.statnews.
com/2019/01/28/scientists-reactions-crispr-babies-eth-
ics-self-governance/

3) Smith PJ. "After CRISPR Twins. Gene editing holds prom-
ise and peril for humanity", National Catholic Register
(2018. 12. 27.), http://www.ncregister.com/daily-news/
after-crispr-twins-gene-editing-holds-promise-and-per-

il-for-humanity?fbclid=IwAR2dKgFArNdK6ihy4brd13gLi-
Fv4Kh-g7Y8asAjAezDHfVGz5ts_ert5S8c

4) Nina Frahm, Tess Doezema, "Are scientists' reactions to 'CRIS-PR babies' about ethics or self-governance?", Center for Genetics and Society (2019. 1. 28.), https://www.statnews.com/2019/01/28/scientists-reactions-crispr-babies-ethics-self-governance/

5) Carmen Leitch, "The fallout from the first CRISPR babies continues", Labroots (2018. 12. 4.), https://www.labroots.com/trending/genetics-and-genomics/13438/fallout-crispr-babies-continues

6) Nina Frahm, Tess Doezema, "Are scientists' reactions to 'CRIS-PR babies' about ethics or self-governance?", Center for Genetics and Society (2019. 1. 28.), https://www.statnews.com/2019/01/28/scientists-reactions-crispr-babies-ethics-self-governance/

7) Antonio Regaldo, "Exclusive: Chinese scientists are creating CRISPR babies", MIT Technology Review (2018. 11. 25.), https://www.technologyreview.com/s/612458/exclusive-chinese-scientists-are-creating-crispr-babies/?fbclid=IwAR1kn00KqpLe9OIypo_OAHja7rhjUtRu6388wpH0X-34Pjjh87X90o6T1fHg

8) Anna Everette, "CRISPR represents potential for huge change.

But will the public trust it?", Genetic Literacy Project (2018. 12. 17.), https://geneticliteracyproject.org/2018/12/17/crispr-represents-potential-for-huge-change-but-will-the-public-trust-it/

9) Tarun Wadhwa, "Gene editing is going to test the values of every society", The Telegraph (2018. 12. 7.), https://www.telegraphindia.com/opinion/gene-editing-is-going-to-test-the-values-of-every-society/cid/1677973

10) David Cyranoski, Heidi Ledford, "Genome-edited baby claim provokes international outcry", Nature (2018. 11. 26.), https://www.nature.com/articles/d41586-018-07545-0

11) Matthias Braun, Hannah Schickl, Peter Dabrock (eds.), Between Moral Hazard and Legal Uncertainty (Springer, 2018).

12) Giulia Cavaliere, "Genome editing and assisted reproduction: curing embryos, society or prospective parents?", Medical Health Care and Philosophy 21, 2018, 215-225.

변곡점에 선 인류

허 젠쿠이는 사상 최초로 유전자 편집 아기를 만들려고 했지만 역설적으로 유전자 편집 아기를 만들 과학적·윤리적 역량이 아직 부족하다는 점을 드러냈다. 크리스퍼 유전자가위가 인간의 생식세포 유전체 편집에 적용할 정도로 아직 완벽하지 않고, 표적이탈효과나 모자이크현상을 확인하는 방법도 아직 개발되지 않은 상태다. 이처럼 태어나는 아기에게 미칠 부정적인 영향이 크기 때문에 과학계와 일반사회에서는 인간의 생식세포 유전체 편집에 반대하고 있다. 허 젠쿠이는 이런 과학계나 사회의 합의를 무시하고 실험을 강행했다.

실험 과정에서 허 젠쿠이는 윤리적으로도 불투명했다. 허 젠쿠이는 임상시험 승인을 받는 과정에서 기관윤리심의위원회를 기만했거나, 승인 자체를 고의로 누락했다는 혐의를 받고 있다. 또한 동의를 받는 과정에 실험을 직접 수행하는 연구자들이 참여했고, 실험의 목적이나 과정, 해로운 점을 숨기거나 금품으로 유인하여 실험 참여자를 보호하려는 노력을 충분하게 기울이지 않았다.

결과적으로 아이들은 이제껏 인간의 유전자 풀에서 볼 수 없었던 새로운 CCR5 돌연변이를 가지고 태어났다. 이에 관한 의학적 자료가 전혀 없는 상태라서 아이들의 운명이 앞으로 어떻게 될지 우려하는 목소리가 많다. 2019년 6월, 〈네이처 메디슨〉은 CCR5 돌연변이체를 가진 약 41만 명을 대상으로 조사한 결과 정상 복사본을 가진 사람보다 76세 이전에 사망할 가능성이 21% 높다는 캘리포니아 대학교 버클리 분교의 웨이 신주(Xinzhu Wei)와 라스무스 닐센(Rasmus Nielsen)의 논문을 출판했다.[1] 이 논문에 따르면 허 젠쿠이의 실험으로 태어나게 된 아이들은 아마 오래 살지 못할지도 모른다. CCR5가 HIV의 통로 역할을 하는 것 외에도 여러 가지 기능을 가지고 있다는 사실이 이미 보고되었다. 앞으로 CCR5가 또 다른 기능을 가지고 있다는 사실이 더 밝혀질지도 모른다.

하나의 유전자를 바꾸어 유전질환을 고치거나 전염질환을 예방하겠다는 생각은 유전자 결정론적 관점을 가졌다는 비판을 종종 받는다. 단일 유전자 질환의 경우라도, 아직까지 우리가 잘 이해할 수 없는 여러 유전적 요인과 환경적 요인이 상호작용하면서 유전적 구성 요소를 가진 질병의 발현에 영향을 미치기 때문이다. 더구나 우리는 유전학의 진화학적 의미에 대해서는 거의 알지 못한다. 이런 사실로 미루어 본다면 CCR5 유전자 하나를 변형해 HIV를 막아 보겠다는 생각은 순진함을 넘어 위험할 수도 있다.

최근에는 러시아의 유전학자 데니스 레브리코프(Denis Rebrikov)가 허 젠쿠이에 이어 유전자 편집 아기를 만들겠다는 생각을 밝혀 물의를 빚고 있다.[2] 그는 HIV 양성인 부친보다 모친에서 태어나는 아이가 HIV에 감염될 가능성이 훨씬 높기 때문에 HIV 양성인 모친에게서 태어나는 아이의 CCR5 유전자를 편집한다면, 허 젠쿠이의 경우보다 윤리적으로 더 정당하다고 주장한다. 그러나 이 경우에도 대리모 등 다른 방법을 사용할 수 있기 때문에 배아 유전자 편집을 해야 할 절박한 의학적 사유가 있다고 인정하기 어렵다. 더구나 소수의 배아를 사용할 경우에는 상동의존성수리보다는 비상동말단접합 방식을 사용해 유전자를 편집할 수밖에 없기 때문에 의도한 대로 결과를 얻기는 거의 불가능하다.

　앞서 살펴본 바와 같이, 유전자 편집에 대해 연구하는 과학자나 이에 대한 문제를 검토하는 윤리학자, 법학자, 정책 입안자 들은 현재 이처럼 논란이 되고 있는 생식세포 유전자 편집 연구를 전면 중단시킬 것인지, 아니면 일정한 규제 아래 허용할 수 있는지를 놓고 의견이 나뉘어 있는 상태다. 허 젠쿠이나 레브리코프처럼 위험한 생식세포의 유전자 편집을 시도하는 사람들이 계속 등장한다면 국제 사회는 어떻게 반응할 것이며, 인류의 미래는 어떻게 될 것인가? 우리는 변곡점에 서 있다. 우리는 사태가 더 확산되기 전에 이 문제를 당장 해결해야 한다. ■

1) Xinzhu Wei, Rasmus Nielsen, "CCR5-Δ32 is deleterous in the homozygous state in humans", Nature Medicine 25, 2019, 909-910.

2) Jon Cohen, "Russian geneticist answers challenges to his plan to make gene-edited babies", Science (2019. 6. 13.), https://www.sciencemag.org/news/2019/06/russian-geneticist-answers-challenges-his-plan-make-gene-edited-babies?fbclid=IwAR2tsF5VqNDMIjMhGAicqx17mjI21PAoo863pRZFwyv13pjVa8MnrmeKvCk

3원핵접합체 39, 67

BRCA1 109

CCR5 8, 17, 27-29, 38-39, 44-45, 49-
60, 72, 79, 104-107, 118, 133, 140,
154-155, 163, 174, 260-261

CXCR4 133

HIV 8, 16-19, 23, 27-28, 37-38, 44-46,
50-54, 56, 58, 60, 66, 72, 81, 85-86,
90, 93, 103-109, 118, 122, 132-133,
140, 155, 163, 174-175, 205, 207-
208, 211, 214, 217, 229, 252, 260-
261

MDA 등온 증폭 42

MIT 크리스퍼 디자인 소프트웨어 43

MIT 특이성점수 39

PCSK9 118-119, 140

Δ32 돌연변이 39, 49, 53-58, 60

ㄱ

가이드라인 151, 156

게브레예수스, 테드로스 아드하놈 230

결실 38, 42, 44-46, 53, 55-56, 58, 60, 179-
181

고지동의 50, 80-82, 93, 132, 140, 149, 151-
153, 191, 193

골드, 데보라 107

공작계획 125

과립세포 54

국가위생계획생육위원회(NHFPC) 125,
192-193, 227

국립과학아카데미 26

국민건강가족계획위원회[위생부(MoH)의
전신] 191

국제기술평가센터 238

국제의학기구협회 151, 190

그릴리, 행크 126, 236

근이영양증 105

기관윤리심의위원회 91-93, 95, 123-126,
189, 192-193, 196, 229, 259

김진수 67-68

ㄴ

나나 8, 18-20, 29, 43-45, 56, 58, 118-119,
122, 138, 141, 174, 182, 208

낙인 16, 85, 107-108,

난자세포질 내 정자주입술 44

남방과기대학 8, 17, 91, 123, 125, 162-164,
217, 225

낫세포 빈혈 111

낭포성 섬유증 19, 109-111

너필드 생명윤리위원회 188, 219, 253

너필드 생명윤리위원회 보고서 188

넉아웃 28, 38, 41, 45, 55

노이하우스, 캐롤라인 175

노크로스, 사라 239

뇌플러, 폴 23, 233, 236-237

뉴먼, 스튜어트 69

니아칸, 캐시 22

니에 징바오 93, 162

닐센, 라스무스 260

ㄷ

다발성경화증 54

다우드나, 제니퍼 6, 25, 166, 213, 232, 239

단순포진바이러스 54

단일가이드RNA 39, 56

단일염기다형성 42

단편 판독 시퀀싱 182

대립유전자 38, 45, 56-57, 66, 69, 72, 109,
111

데일리, 조지 167

데일리, 존 235

돌연변이 7, 9, 23, 26, 39, 41, 49-56, 58,
60, 71-72, 107, 109-111, 140, 174,
179-180, 186, 206, 232, 260

동료 심사 26, 37, 94, 138

뒤센근이영양증 232

듀이, 존 251

드위트, 마크 95

딤, 마이클 83-84, 93, 95, 155, 229

딥시퀀싱 19, 46

ㄹ

라이더, 숀 55, 174

래섬, 키스 67-68

러벨배지, 로빈 35-36, 49, 51-52, 80-81,
    84, 89, 117, 122, 131, 138, 150-151,
    161-162, 185-186, 230-231

레갈라도, 안토니오 17, 189

레브리코프, 데니스 261

레스닉, 데이비드 94

로그 바이오에틱스 96

로위, 데렉 22

루루 8, 18-20, 29, 43-45, 56, 58, 72, 118-
    119, 122, 138, 141, 174-175, 179,
    182, 208

류, 데이비드 23, 72, 103, 132, 238

리 메이 이 173

리에, 라이다르 196

린 지퉁 124-125

ㅁ

마우스간염바이러스 54

마하잔, 비닛 181

막관통 영역 58

막스플랑크연구소 21

머피, 필립 53

메이오 클리닉 141

면역세포 53, 72

모라토리엄 10, 186-187, 235, 231-234,
    236, 238-239, 249

모자이크현상 9, 22, 40, 46, 70-73, 133,
    140, 154, 213-215

몬틀리우, 유이스 139

무슈누루, 키란 71, 118, 139, 213

미국 과학·공학·의학 아카데미 68-70,
    187-189, 232

미국 국립보건원 68, 80, 95, 151

미끄러운 비탈길 60

미들턴, 안나 149-150

미탈리포프, 슈크라트 42, 67-68

ㅂ

바랑고, 로돌프 142-144

바숙, 알렉산더 181

바식, 마이클 53

바이오리시브 137-141, 235

바이후아린 84

배반포 40-41, 44-46, 66, 68, 118, 191

배아 6-8, 15, 17, 21, 25-29, 36, 39-45, 53, 56, 65-73, 84, 91-93, 95, 103, 105, 107, 109-112, 117-118, 124, 132-133, 139, 141, 144-145, 152, 155, 163-164, 178-180, 186, 188-199, 213-217, 219-220, 227, 229, 231-237, 253-254, 261

배아 줄기세포 마커 41

배우자세포 39, 191, 197

버니, 이완 21, 110

버지오, 개탄 72, 179

변이체 45, 55-56, 58, 60, 68, 107, 133

보조생식기술 18, 142, 152, 191, 254-255

보하이 유전생명공학회사 124-125

볼티모어, 데이비드 89-90, 84, 96, 103, 232, 235

불임클리닉 189, 191, 226

불편측정 42

브라운, 루이스 20, 208, 216, 220

브래들리, 앨런 181

브로드연구소 22-23, 103

비니, 재니 212

비상동말단접합 42, 55-56, 60, 261

비암호화DNA 52

비카드, 데이비드 218

ㅅ

사라 챈 108

상동의존성수리 55-56, 261

샌델, 마이클 207

생거 시퀀싱 43, 45-46

생식세포 7, 10, 16, 21-22, 24-25, 27, 41, 67, 69-70, 90, 109-110, 142-143, 152, 167, 175, 177, 180, 186-189, 191, 193-194, 197-198, 207, 213-215, 219-220, 227, 230-232, 234-235, 237, 239, 251-252, 254-255, 259, 261

생식세포 편집 10, 21, 25, 90, 143, 167, 177, 180, 219-220, 232, 234-235, 237

생의학 24, 85, 168, 216-217, 227

샤르팡티에, 에마뉘엘 21, 238

세계보건기구 151, 190, 230

세포주 39, 41, 54, 167

성 후이젠 191

셸리, 메리 5

수 난핑 255

수혈 54, 107

숙주세포 54

스밀로우이행의학연구센터 58

시퀀싱 18-19, 40, 42-46, 112, 161-162, 178-180, 182, 213, 217

시험관 수정 7, 18, 20, 66, 93, 106-107, 109-110, 156, 164, 208, 215

식품약품감독관리총국(중국) 191-192

식품의약국(미국) 190

실바, 알치노 55

심장마비 110

ㅇ

아시아·서태평양 윤리위원회 연합포럼(FER-
CAP) 126

아연손가락핵산분해효소 53, 58

안나스, 조지 69

알티우스연구소 58

암 46, 105, 109-110, 179-180

양수천자 44, 46

에드 용 133

에이즈 8, 16, 53, 84, 93, 104, 107-108, 155,
196, 212, 252

에이즈트러스트 107

엑커트, 스티븐 141

연구 참여자 81-85, 93, 123, 125, 132, 151-
157, 193, 195, 197, 220, 229

열성유전질환 111

염증 반응 53

영국 왕립아카데미 232

오닐, 헬렌 239

외모 110

우르노프, 표도르 58

우생학 85, 198, 237

우성유전질환 109

원리증명실험 56

웨스턴 블롯 38

웨스트나일바이러스 50, 133, 154, 174

웨이 신주 260

웨이 웬성 177, 238

웰컴 트러스트 199

웰컴생거연구소 181

위생부(중국) 191-193, 226

위양성율 41

유럽생물정보학연구소 21

유럽위원회 199

유세포 분석 38, 41

유전공학 61, 167, 215, 226-227, 237-238,
248

유전자 넉아웃 8, 38

유전자 상담 110

유전자 수술 18-20, 105-106, 133, 142,
214, 216

유전자 치료 41, 60, 198, 215, 254

유전자 편집 6, 8, 10, 15-18, 21-26, 29, 35,
51, 54-55, 60, 67, 71, 84, 86, 91, 93,
96, 105-106, 108-112, 117, 119,
124, 133, 138-143, 154-155, 162-
166, 175, 180, 187-190, 192, 194,
196-198, 207-208, 212-213, 215-
218, 220, 225-237, 239, 248-253,
259

유전자가위 5-10, 15-16, 21-22, 24-25,
　　　29, 39, 43, 52-53, 55-56, 91, 96,
　　　178, 180, 186, 207, 215, 218-219,
　　　232-233, 238-239, 259

유전질환 7, 16, 19-20, 109-112, 118, 142,
　　　254, 260

유전체 6, 22-23, 25-27, 42-44, 46, 51-53,
　　　67-71, 93, 111-112, 117-118, 143-
　　　144, 149, 152, 167, 178-182, 186-
　　　188, 191, 195, 206-207, 211, 213-
　　　215, 217-218, 220, 229, 231-234,
　　　248, 250-255, 259

유전학및사회센터 237

윤리 덤핑 195

이해 상충 123, 143-144

이형접합체 56, 58

인간 대상 연구 123, 157, 199, 226

인간 대상을 포함하는 생물의학적 연구를
　　　위한 윤리심의 방안 192

인간 복제 192

인간 유전자 편집 국제 정상회담(제1차) 24-
　　　25, 96, 187-188

인간 유전체 편집 국제 정상회담(제2차) 8,
　　　10, 15-16, 24-26, 60, 90, 104, 138-
　　　140, 142-143, 157, 162, 175, 188,
　　　219, 231, 234-238

인간-동물 키메라 191-192

인간면역결핍바이러스(HIV) 8, 16-19, 23,
　　　27-28, 37-38, 44-46, 50-54, 56,
　　　58, 60, 66, 72, 81, 85-86, 90, 93,
　　　103-109, 118, 122, 132-133, 140,
　　　155, 163, 174-175, 205, 207-208,
　　　211, 214, 217, 229, 252, 260-261

인간배아줄기세포 43, 191

인간 보조생식기술 및 인간 정자에 관한 윤
　　　리 원칙 191

인간 보조생식기술과 인간 정자은행에 관한
　　　기술 설명서 191

인간수정배아관리국 189

인간유전관리자원조례 192

인간유전자원임시조치 191

인간유전학경보센터(중국) 237

인공 생식기술의 윤리 원칙 191

인델 42, 58

인지 51, 55

인체 시험 24, 175

인플루엔자 50, 54, 133, 154

인허 생명공학회사 125

임상시험 9, 17, 26-27, 38, 67, 79-80, 82-
　　　84, 90-92, 95-96, 105, 108, 117,
　　　123, 125-126, 141, 144, 154-157,
　　　163, 189-190, 192-193, 195, 207,
　　　229, 235, 259

임상시험등록부 17, 92, 94, 123, 141, 144,
　　　162-163, 231

자율성 151-152, 192, 198, 206-207

ㅈ

장 린치 196

장 텐저 131

장 평 22, 43, 237-238

재조합 DNA 96

저항성 17, 23, 56, 104, 109, 205, 207-208, 229

적응면역 6

전사 7, 39

전임상 연구 79, 92, 161, 163

전장유전체 시퀀싱 18, 41-43, 45-46, 177

절단유전체 시퀀싱 43

접합체 68, 70, 193, 196

정자 세척 28, 44, 93, 103, 106-107, 132

제이신, 마리아 205-207

젤싱거, 제시 215

좋은 임상시험에 대한 원칙 192

준, 칼 58

중국 과학아카데미 80, 164, 232

중국 의학아카데미 226

증강 51, 55, 60, 112, 119, 197-198, 206-208, 252

지중해성 빈혈증 186, 232

ㅊ

차로, 알타 143, 230-231, 236

착상 7, 17, 22, 25, 29, 36, 40-41, 45, 65, 72, 117-118, 133, 141, 178, 229, 236-237

착상전 유전자 진단 43-46, 73, 109-110

처치, 조지 167, 249

천 시이 225

천인계획 165-166, 217

청 페이페이 118

체세포 41, 72, 193

첸 젠종 123

쳉 젠 124

추 젱종 23

츄 런종 60, 238

치매 110

친 진저우 93

침습적 152

ㅋ

카오 앤린 226

콜드스프링하버연구소 16, 79, 137, 140, 185, 215

콜레스테롤 대사 118

콜린스, 프랜시스 95, 174, 238, 247

쿠르토비치, 이반 121-122

퀘이크, 스티븐 95, 228

크루글리악, 레오니드 21

크리스퍼 배열 29, 39

크림스키, 셸던 189

키메라적 판독물 44

표적이탈효과 9, 22, 24, 39, 41, 46, 133, 140, 154, 178, 180-181, 259

푸 무밍 164

프라이버시 112, 192

프랜시스크릭연구소 22, 35

핑커, 스티븐 70

ㅌ

태반 40, 71, 139

탯줄 혈액 46

테이 삭스 110

투명성 90, 92, 94-95, 137, 144, 187, 234

틀이동 45

ㅎ

하워드휴스의학연구소 22-23, 103

합병증 50, 52, 69

항레트로바이러스요법 53, 107

항체 38, 54

해독틀 56, 58

핵형 41

핸슨, 제이디 238

허 젠쿠이 5, 8-10, 15-18, 21-29, 36, 50-52, 55-56, 58, 60, 65-68, 70-72, 79-81, 83-86, 89-96, 104-112, 117-119, 121-126, 132-133, 137-145, 150-151, 153-157, 161-167, 174-175, 178-179, 182, 185-186, 188-190, 194-195, 211-219, 225-226, 228-229, 233-234, 236, 239

허메이 메티컬 홀딩스 124

헌팅턴병 109, 232

헐버트, 벤저민 23, 218, 250

ㅍ

파골 54

파스퇴르연구소 218

파콜치크, 타데우스 220

판 용 69

페렐, 라이언 15-16, 21, 141

포투스, 매튜 49, 52, 65-67, 70, 81, 95, 139, 228

표적 적중 부위 44

헐버트, 윌리엄 80, 95, 166, 213-214, 228

헬싱키 선언 157, 190

형사처벌 194

황 준쥬 67, 186, 216, 232

황 후아펭 123

회문구조 6

힐스, 켈리 96, 155